环境影响评价基础数据库系列丛书

环境影响评价基础数据库
设计技术指南

环境保护部环境工程评估中心
国家环境保护环境影响评价数值模拟重点实验室　编

中国环境出版社·北京

图书在版编目（ＣＩＰ）数据

环境影响评价基础数据库设计技术指南/环境保护部环境工程评估中心，国家环境保护环境影响评价数值模拟重点实验室编.—北京：中国环境出版社，2016.9

（环境影响评价基础数据库系列丛书）

ISBN 978-7-5111-2879-9

Ⅰ.①环… Ⅱ.①环… ②国… Ⅲ.①环境影响－评价－数据库－程序设计－中国－指南 Ⅳ.①X820.3-62

中国版本图书馆CIP数据核字（2016）第176224号

出 版 人	王新程	
责任编辑	李兰兰	
责任校对	尹 芳	
封面设计	陈 莹	
排版制作	杨曙荣	

出版发行　中国环境出版社
　　　　　（100062 北京市东城区广渠门内大街16号）
　　　　　网　　　址：http://www.cesp.com.cn
　　　　　电子邮箱：bjgl@cesp.com.cn
　　　　　联系电话：010-67112765（编辑管理部）
　　　　　　　　　　010-67112735（第一分社）
　　　　　发行热线：010-67125803 010-67113405（传真）
印　　刷　北京中科印刷有限公司
经　　销　各地新华书店
版　　次　2016年9月第1版
印　　次　2016年9月第1次印刷
开　　本　787×1092　1/16
印　　张　13.5
字　　数　300千字
定　　价　36.00元

前　言

环境影响评价是从"源头"对规划和建设项目实施后对环境造成不良影响的预防制度，是促进经济、社会和环境协调发展的重要保障。环境影响评价制度实施 30 年来，特别是《中华人民共和国环境影响评价法》颁布后，环境影响评价工作在促进我国产业结构优化，推动资源节约型、环境友好型社会建设方面发挥了重大作用。

环境影响评价是一项复杂的、综合性很强的技术工作，需要多种学科的配合以及大量不同领域数据资源的支持，但长期以来，我国支持环境影响评价的基础数据库建设工作滞后于需求，在一定程度上影响了环评工作的开展。为落实《中华人民共和国环境影响评价法》关于"加强环境影响评价基础数据库和评价指标体系建设……建立必要的环境影响评价信息共享制度，提高环境影响评价的科学性"的要求，受环境保护部委托，环境保护部环境工程评估中心从 2010 年起开展了"环境影响评价基础数据库"建设工作，主要包括三大部分内容：构建环境影响评价、技术评估、审批过程使用和产生的数据资源的数据库，开发相应的数据库管理与应用软件系统，编制作用于数据库和软件系统的标准规范。项目经过 5 年的建设，建立了 17 套环评基础数据库标准规范，盘活了近 10 年来的国家级环评核心数据，规范了 16 个行业的环评指标数据，建成了环境影响评价会商平台和共享服务平台。相关初步成果已经在环评管理和业务中得到应用，对环评工作起到了实际的支撑作用。

环境影响评价基础数据库项目在建设和应用过程中，得到了环境保护部环境影响评价司、环境保护部规划财务司、环境保护部科技标准司、环境保护部环境监察局、中国环境科学研究院、环境保护部信息中心、环境保护部卫星环境应用中心、广西环境保护厅信息中心、广西环境保护技术中心、重庆市环境工程评估中心、云南省环境工程评估中心、快威科技集团有限公司、中国科学院地理科学与资源研究所、北京捷泰科技有限公司等部门和单位的大力支持，在他们的帮助下，项目才得以顺利完成。在此，对以上部门和单位给予的支持和贡献表示衷心的感谢！

本书是环境影响评价基础数据库系列丛书之一，主要介绍环境影响评价基础数据库技术设计的成果和经验。全书分为三大部分，第一部分是概述篇，主要介绍环境影响评价基础数据库及其设计的基本情况；第二部分是环境影响评价基础数据库设计篇，从数据采集、数据库结构、数据库功能、数据入库、数据应用等方面，重点介绍环评基础数据库设计技术；第三部分是应用篇，以环境保护法律法规数据库、火电环境影响评价指标数据库、环境影响评价专家数据库为例，介绍应用技术设计成果建成的数据库及其软件系统。

　　本书是团队努力的结果，是集体智慧的结晶，全书由潘鹏、李时蓓统稿。本书第 1 章由梁鹏、李时蓓编写，第 2 章由赵晓宏、潘鹏编写，第 3 章由邹世英、朱美编写，第 4 章由王琰、李晨、朱美编写，第 5 章由陈爱忠、潘鹏编写，第 6 章由李飒、郭远杰、金珂编写，第 7 章由潘鹏、周俊、黎明编写，第 8 章由杨晔、邢可佳编写，第 9 章由潘鹏、陆嘉、张希柱编写，第 10 章由胡笑浒、卢力、周鑫编写，第 11 章由王龙飞、邢可佳、左文浩编写，第 12 章由李时蓓、潘鹏、李晨编写，第 13 章由贾鹏、丁峰、郭远杰编写，第 14 章由潘鹏、王庆改编写，第 15 章由易爱华、伯鑫编写，第 16 章由潘鹏、李晨编写，第 17 章由赵越、左文浩编写。

　　希望本书能为地方环评基础数据库设计与构建提供借鉴经验，为从事环保信息化相关工作的研究、技术和管理人员提供学习参考。

　　由于编者水平有限，书中存在不足之处，敬请广大读者不吝指正！

编　者

2016 年 4 月

目 录

第一篇 概 述

第二篇 环评基础数据库设计

第三篇 应用案例

第一篇 概　述

第 1 章　环评基础数据库概述

1.1　环评基础数据库建设背景与重要意义

环境影响评价是指对规划和建设项目实施后可能造成的环境影响进行分析、预测和评估，提出预防或者减轻不良环境影响的对策和措施，进行跟踪监测的方法与制度。多年以来，环评制度在参与国家宏观调控、优化产业结构、转变经济增长方式、推进"节能减排"、遏制环境违法行为等方面发挥了重大作用。

由于环境问题的复杂性，环评工作的开展需要大量数据资源作为支撑。但长期以来，我国支撑环评的基础数据建设相关工作滞后于需求，环评过程中产生的大量有价值的数据资源也未得到充分有效的利用，这在极大程度上影响了环评工作的有效开展。为此，2003 年，国家环境保护总局环境影响评价司组织成立了"环境影响评价基础数据库工作小组"，完成了《环境影响评价基础数据库建设方案》。2010 年，环境保护部启动了环境影响评价基础数据库建设项目，并委托环境保护部环境工程评估中心承担项目具体实施工作。

环评基础数据库的建设具有重要意义，既是落实国家有关法规的重要举措，也是对我国环评制度长期实施所积累的大量数据资料进行信息化、标准化管理，夯实评价及评估工作的数据基础，提高环评管理决策能力与水平的重要途径。

（1）落实《环境影响评价法》的重要举措

2003 年 9 月,《中华人民共和国环境影响评价法》（以下简称《环评法》）正式实施。《环评法》第六条规定："国家加强环境影响评价的基础数据库和评价指标体系建设，鼓励和支持对环境影响评价的方法、技术规范进行科学研究，建立必要的环境影响评价信息共享制度，提高环境影响评价的科学性。国务院环境保护行政主管部门应当会同国务院有关部门，组织建立和完善环境影响评价的基础数据库和评价指标体系。" 2009 年 10 月,《规划环境影响评价条例》（以下简称《环评条例》）开始施行，从评价、审查、跟踪评价等方面，进一步加强了对规划环评的工作要求，明确提出了要建立规划环境影响评价信息共享制度。由此可见，建设环评基础数据库既是落实《环评法》的重要举措，也是落实《环评条例》的必然要求。

（2）夯实环评工作数据基础的必然选择

环评工作遵循一套科学方法，依靠特定的技术手段，运用了自然科学和社会科学各个学科的研究成果，每个项目既需要大量的数据，同时也产生大量的数据。长期以来，环评数据共享制度和更新机制还没建立起来，环评急需的数据资源（如水文、地质、气象、海洋、环境监测和环境敏感区数据等）难以获取，全国 1 000 多家环评单位各自以不同的方式和渠道获取有关数据，数据质量参差不齐，数据标准难以统一，数据收集耗时长、成本高。另外，我国每年审批的建设项目环评文件 30 多万个，环评产生的大量宝贵的数据资源（环评报告书及指标体系、技术评估专家意见、批复文件等）没有得到及时、有效的管理和高效利用，限制了其在社会经济中应发挥的作用。因此，加强环评基础数据库建设是夯实环评工作数据基础的必然选择，不仅可以实现环评基础数据的便捷、可靠获取，提高环评的科学性和有效性，同时还可以促进环评数据共享和利用，提升环评管理能力和水平。

（3）提高环评管理决策水平的重要途径

环评结论是否真实反映了客观的实际情况、是否具有一定的科学性，与评价所采用的方法和技术规范是否科学，以及评价中所涉及的各种环境因素是否完备、数据是否精确，都有着直接的联系。因此，加强环评基础数据库和评价指标体系建设，鼓励和支持对环评方法、技术规范进行科学研究，对于提高环评的科学性，具有重要的意义。同时，环评涉及许多领域、关系到多部门，需要运用多种数据信息。为了发挥各专业部门在各专业方面的信息优势，建立必要的环评信息共享制度，促进各部门、各单位之间在环评方面的信息交流和信息共享，对于更好地进行环评工作具有重要支撑作用。环评基础数据库建设就是以实现"四化"（系统化、标准化、可视化、智能化），服务环评管理和业务工作为最终目标，充分利用现代化信息技术，构建能够支撑环评全生命周期的软件平台，建立可持续的环评基础数据库运维和应用服务体系，以有效支撑环评管理决策，不断提高环评辅助决策信息化水平。

1.2 环评基础数据库建设目标与主要任务

1.2.1 建设目标

环评基础数据库建设的总体目标是：全面落实《环评法》有关要求，以提高环评的科学性和效率为总体要求，以进一步夯实数据资源为基础，以促进信息资源开发利用为核心，以推动环评技术发展为突破，以先进适用的信息技术为手段，进一步创新体制、机制和管理模式，面向环评审批管理、技术评估、环评单位、建设单位和社会公众等，建立国家级的系统化、标准化、可视化、智能化环评基础数据库，形成共享环评数据的资源平台、集成环评技术的创新平台和支持环评业务的服务平台，提高环评技术支持能力和科学决策能力，实现依法评估、科学评估、公开评估、廉洁评估、高效评估。

1.2.2　主要任务

为实现以上目标，环评基础数据库主要建设任务包括：

（1）软硬件基础设施建设

环评基础数据库数据存储和系统运行必须依靠一定的软硬件环境，必须围绕环评基础数据库建设的需求开展软硬件基础设施建设，为后续成果提供依托基础，主要包括机房、服务器、磁盘阵列、网络、交换机、中间件、操作系统、数据库软件及网络安全防护软硬件等。

（2）标准规范体系建设

在现有标准规范体系下，建立环评标准规范体系框架，并在该体系框架下，通过继承、修订、扩展等方式，建立覆盖环评基础数据库数据整合集成、数据库建设管理、数据共享交换及应用服务等环节的标准规范，为环评基础数据库的长期建设、运行、服务和维护提供可靠的规范保障。

（3）环评指标体系建设

研究提取战略环评、规划环评、区域环评和重点行业建设项目环评的关键信息，建立相应的环评指标体系，指导环评指标数据库建设，促进环评关键信息的结构化、规范化管理，充分发挥环评数据的潜在价值，为环境保护以及建设规划等相关部门的宏观决策和环境影响评价、技术评估业务提供环评指标信息支撑，辅助开展环境影响评价的分析和判断。

（4）环评基础数据中心建设

按照统一的数据标准，收集、整合环评工作所需的基础数据，建设业务数据、支撑数据、管理数据等三大数据库群，在业务流程中实现环评领域核心数据采集和环评基础数据的可持续更新机制，完成覆盖战略环评、规划环评、区域环评和主要行业建设项目的环评指标数据库，并建设相应的基础性数据管理维护、查询检索、统计分析等软件系统。

（5）环评基础数据应用系统建设

面向环评审批管理、技术评估等，构建环境影响评价会商平台，提供建设项目区域环境分析、环境影响模拟预测、环评指标统计分析、公众参与分析等功能，提升技术支持和科学辅助决策能力；面向环评单位、建设单位和社会公众等，构建环境影响评价共享服务平台，提供信息公开、数据共享、在线制图、模拟预测等功能，提高环评基础信息增值利用和共享服务水平。

1.3　环评基础数据库总体框架与建设原则

1.3.1　总体架构

环评基础数据库总体框架如图 1-1 所示，在业务流程梳理和环评技术方法研究的基础上，环评基础数据库从逻辑上包括标准规范层、基础设施层、数据资源层、应用服务层和用户对象层，同时还包括安全体系和运维体系。

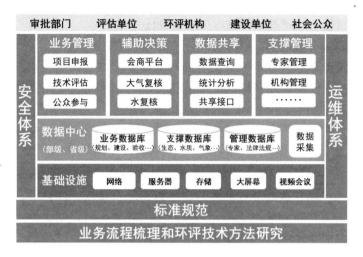

图 1-1   环评基础数据库总体框架图

（1）标准规范层

环评基础数据库的建设涉及数据内容的组织、数据的建库及信息系统的开发、运行维护、安全保障和应用服务等多个方面，建立一套完整的标准规范体系，保障环评基础数据库的规范和有序建设。

（2）基础设施层

环评基础数据库依托完备的软硬件支撑环境，主要包括畅通的网络环境、数据库系统、服务器、磁盘阵列、交换机、中间件以及操作系统等，为整个数据库的运行提供基础保障。

（3）数据资源层

数据资源层是整个系统的核心内容，也是环评会商的基础。通过数据整合加工处理等工作将环评基础支撑数据、环评核心业务数据、环评管理数据等内容进行入库管理，形成用于服务共享使用的基础空间数据和非空间的支撑数据、各类环评基础资源专题信息资源数据库、环评项目数据库等。

（4）应用服务层

应用服务层将基础数据资源以服务的形式发布，使得各应用系统能够通过服务接口的形式对资源进行访问。服务内容包括目录服务、空间数据访问服务、环评业务模型服务等一系列的空间信息服务和业务服务。这些服务资源可以应用于业务管理、辅助决策、数据共享、支撑管理。环评会商平台是应用服务层的核心，是环评基础数据库系统的高级应用。

（5）用户对象层

用户对象层包括环评基础数据库服务的各类对象，主要有环评审批部门、技术评估单位、环评机构、建设单位和社会公众等。

（6）安全体系

整个环评基础数据库在安全体系下运行，核心是要求确保信息安全。安全体系主要从网络、系统、用户、应用四个方面采用的安全策略和措施，保障环评基础数据库正常运行和信息安全。

（7）运维体系

运维体系为环评基础数据库正常运行提供重要保障，主要包括运行维护和运行监控两个方面，运行维护提供环评基础数据库的状态维护、参数配置、日志维护、备份恢复等保障，运行监控为环评基础数据库服务资源管理和监控提供保障。

1.3.2　建设原则

按照需求驱动、重点突破、上下协调、创新发展、保障安全的原则开展环评基础数据库建设。

（1）需求驱动

环评基础数据库建设需求来自环评单位、评估机构、审批部门、建设单位、社会公众等五类用户。环评单位的主要需求是通过环评基础数据库获取环评所需要的基础支撑数据；评估机构主要需求是利用环评基础数据库数据和平台开展建设项目技术评估项目和验收调查；审批部门主要需求是通过环评基础数据库数据和会商平台为环评管理决策提供技术支撑服务；建设单位的主要需求是获取项目环评相关的基础数据和利用环评基础数据库外网申报接口完成相关信息的上报；社会公众主要是了解环评相关的法律、法规、标准、导则和项目信息，开展项目公众参与。

需求驱动指坚持以五类用户需求为导向，围绕"探索代价小、效益好、排放低、可持续的环境保护新道路"的需要，围绕"通过加强环保来优化发展，以环境容量优化区域布局、以环境管理优化产业结构、以环境成本优化生产方式"的需要，强化环评与产业、区域经济发展的关系，确保项目建设的针对性、实用性和有效性。

（2）重点突破

环评基础数据库项目包含的内容众多，相关工作基础不同，需求紧迫程度不一，重点突破就是要率先在基础地理背景、环境敏感区等支撑数据，以及建设项目环评报告书及其指标等方面实现数据集成和推进共享，实现战略环评、规划环评、区域环评与项目环评数据的有机集成与应用。项目建设初期以业务过程的采集数据为突破点，强化历史数据的处理，并在业务工作中实现数据采集，结合业务流程实现战略环评、规划环评、区域环评与项目环评数据的有机集成与应用，强化数据的连续性。

（3）上下协调

上下协调是指环评基础数据库向上应该遵循国家环境保护信息化的相关要求，充分利用环保部构建的四级三层网络体系、数据传输与交换平台、地理信息系统平台等，紧密与建设项目管理系统等进行对接，不断接收和整合相关业务系统的数据资源。向下可为各省环评技术评估机构、管理部门等提供统一的基础数据和业务系统的支撑与指导，实现"国家—地方"环评信息资源的互通与业务的联动。

（4）创新发展

环评基础数据库建设的最终目的是通过加强环评基础支撑，推进环评业务能力和管理水平提高，因此，在项目建设时要充分考虑如何利用信息化增强对环评工作的技术支撑，最终，通过环评基础数据库和应用服务平台建设，推进环评体制机制、管理审批模式、业务流程的创新和变革。为了确保相关工作顺利开展和持续改进，要加强环评基础数据库的试点和示范工作。

（5）保障安全

在信息安全日益重要的今天，面对庞大的数据库群、丰富的应用平台、众多的用户群体，在项目建设开始和过程及未来的运维阶段均要考虑和关注信息安全问题。保障安全就是把信息安全作为环评基础数据库建设的重要组成部分，明确环评数据分类、分级共享和公开的范围与内容，正确处理安全与发展的关系，以安全促发展、在发展中求安全。

第2章 环评基础数据库设计概述

2.1 环评基础数据库设计的目的和意义

环评及其管理的复杂性决定了需要首先从总体上进行规划设计，以指导环评基础数据库的建设。开展环评基础数据库的设计具有重要意义，具体体现在：

（1）从环境影响评价项目类型的角度来看，设计成果将为建设涉及建设项目环境影响评价、环境影响后评价、规划环境影响评价、战略环境影响评价的环评基础数据库及其软件系统建设提供标准保障。

（2）从环境影响评价业务流程的角度来看，设计成果将为建设涉及环境影响评价、技术评估、审核批复环境影响评价全过程的环评基础数据库及其软件系统建设提供技术参考。

（3）从环评基础数据库建设应用层次的角度来看，设计成果将为国家、省、市、县多个级别的部门建设环评基础数据库提供重要依据。

（4）从环境影响评价数据资料管理利用和价值挖掘的角度来看，设计成果对于推动环境影响评价数据资源持续积累、集成管理、共享利用，以及促进环境影响评价数据资源价值发挥、降低环境影响评价成本具有重要作用。

2.2 环评基础数据库设计的成果定位

环评基础数据库的设计最终将形成相应的设计成果，这些设计成果不仅在现阶段可以作为技术文件指导环评基础数据库的建设，而且在将来还可以进一步凝练提升为相关标准规范，指导和规范环评信息化工作，明确环评基础数据库设计成果的定位，将有助于在设计工作中更好地把握方向、尺度和要求。

（1）在环境信息化标准体系中的定位

按照标准的级别划分，中国现行的环境标准体系主要由国家标准、行业标准和地方标准构成。按内容划分，主要有环境质量标准、污染物排放标准、污染物测定方法标准、标准样品标准和环境信息化标准等。按标准的性质划分，可分为强制性标准和推荐性标准。基于以上类型的划分，环评基础数据库设计成果应属于环境标准中的环境信息化标准的范畴。

环境信息化标准体系是由环境信息化建设范围内的具有内在联系的标准所组成的科学的有机整体。环境信息化标准体系的层次结构由总体标准、应用标准、信息资源标准、应用支撑标准、网络基础设施标准、信息安全标准和管理标准共 7 个分体系组成。环评基础数据库设计成果在环境标准体系中的定位如图 2-1 所示，定位于中国环境信息化标准体系中的信息资源标准，同时与环评相关工作内容紧密关联，包括环评法规与制度、环评工作程序、环评管理活动、环评业务活动等。

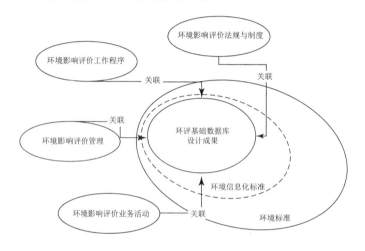

图 2-1　环评基础数据库设计成果在环境标准中的定位

（2）在环评基础数据库中的业务功能定位

环评基础数据库是服务于环境影响评价的、存储和管理相关环境影响评价信息资源的数据库。由于环境影响评价涉及的数据和信息资源类型多样、结构多样，环评业务活动又涉及数据采集、数据处理、数据入库、数据应用以及数据库运行管理等多个技术环节，这些不同的环节都对环评基础数据库的设计成果提出了业务需求。

例如，在数据采集过程中，需要设计不同类型数据的分类及元数据等；在数据处理过程中，需要设计建立数据字典、数据整合集成流程、数据质量控制与评价方法等；在数据入库过程中，需要设计数据库结构、数据指标结构、数据库建设流程等；在数据应用过程中，需要设计数据可视化表达方法、数据共享技术方案等；在数据库运行管理中，则需要设计数据库安全管理与备份恢复体系和机制等。

2.3　环评基础数据库设计的总体框架

从信息化的角度，环评基础数据库建设涉及数据内容的组织、数据的建库及信息系统的开发、运行维护、安全保障和应用服务等方面的工作。

数据内容的组织是指通过一定的分类体系和编码规则将数据资源进行有序的整理和组织。为了更好地保证数据资源的质量，数据内容的组织往往需要延伸到数据的采集和生产、处理过程。数据建库是指按照数据库结构，将数据内容录入到物理数据库中，这其中可能需要根据入库规则对需要入库的数据资源进行转换和规范化处理。同时，数据库建设完成后，为了支撑数据库的科学管理和高效利用，往往需要开发相应的数据库管理与应用系统。运行维护发生在数据库建设完成后，包括数据资源的更新、迁移、备份等。安全保障是指保障环评数据在管理、使用等过程中的物理安全、网络安全和信息保密安全，包括环评数据资源安全等级、保密条例、使用权限规定等。应用服务是指按照安全等级、保密条例和使用权限，为用户提供数据内容和决策支撑服务。

根据以上分析，环评基础数据库设计的总体框架如图 2-2 所示，包括七大方面，即总体设计、信息资源类设计、数据库类设计、管理类设计、应用类设计、信息安全类设计和应用支撑类设计。

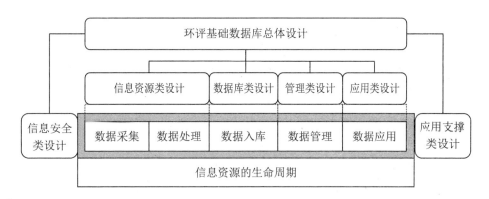

图 2-2 环评基础数据库设计的总体框架

（1）总体设计主要设计环评基础数据库设计的总体要求、体系结构及其设计方案内外部的关系与关联，并提出适用于环评基础数据库设计的基本原则。

（2）信息资源类设计对应于信息内容的组织环节，主要设计环评信息的分类编码，以及各类环评信息在采集、处理、转换过程中应遵循的流程、要求和质量控制措施等。

（3）数据库类设计对应于数据建库环节，主要设计环评基础数据库设计的共性要求，以及各类环评信息资源的数据库结构、数据入库程序和要求等。

（4）管理类设计对应于运行维护环节，主要设计环评基础数据库建设各环节（数据集成、数据库建设、数据库维护、安全管理、应用服务等）中的管理和操作程序和要求。

（5）应用类设计对应于应用服务环节，主要设计环评信息资源共享机制以及应用服务模式、数据引用方式等。

（6）信息安全类设计对应于安全保障环节，主要设计环评信息资源安全保障框架，以及环评信息资源的物理安全、数据访问控制权限、网络安全、运行系统安全等。

（7）应用支撑类设计主要设计环评基础数据库的软硬件支撑平台以及人员队伍等。

2.4　环评基础数据库设计的主要内容

环评基础数据库设计的主要内容如图 2-3 所示，包括信息资源类设计、数据库类设计、管理类设计、应用类设计、信息安全类设计和应用支撑类设计 6 类设计。

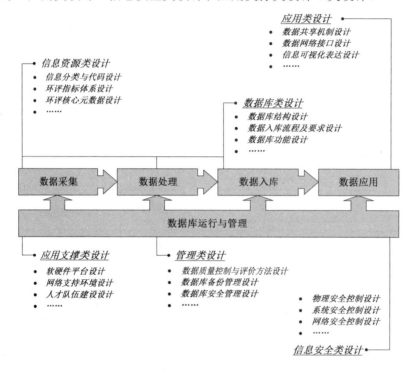

图 2-3　环评基础数据库设计的内容和功能分类

其中，信息资源类设计主要包括信息分类与代码设计、环评指标体系设计和环评核心元数据设计等；数据库类设计主要包括数据库结构设计、数据入库流程及要求设计和数据库功能设计等；管理类设计主要包括数据质量控制与评价方法设计、数据备份管理设计和数据库安全管理设计等；应用类设计主要包括数据共享机制设计、数据网络接口设计和信息可视化表达设计等；信息安全类设计主要包括物理安全控制设计、系统安全控制设计和网络安全控制设计等；应用支撑类设计主要包括软硬件平台设计、网络支撑环境设计和人才队伍建设设计等。

2.5　环评基础数据库设计的基本原则

按照设计方案内外协调、方便建库与使用、业务衔接协调、参考模型指导、设计与软件相结合的原则开展环评基础数据库设计。

（1）设计方案内外协调

由于设计方案之间缺乏协调，会给数据的集成建库造成很大的困难，有时甚至无法集成建库。因此，设计方案内部以及各种设计方案之间应该避免冲突，符合一致性规则。同时，设计方案的各部分应该与国际、国家、行业现有的相关标准规范相协调。

（2）方便建库与使用

开展设计的目的是指导环评基础数据库的建设与使用，因此方便建库与使用是一条根本性原则。在这一原则的指导下，环评数据应呈现出良好的数据分类体系、严格的数据结构和完整的数据描述等。

（3）业务衔接协调

环评工作是环境保护业务中的重要组成部分，在开展环评基础数据库设计时，应该很好地考虑环评工作与其他环保业务的衔接与协调关系，如环评与前端环境质量监测的关系、与后端环评档案入档的关系。

（4）参考模型指导

从数据质量控制的角度来看，数据库建设涉及数据的采集、处理、建库、管理、维护、服务等整个数据资源的生命周期。因此，设计成果应该涵盖和体现这些过程的技术化要求。为此必须建立环评基础数据库设计的体系框架，明确体系内各个设计的范围及相互间的关系。

（5）设计与软件相结合

数据库的管理和应用需要依赖软件工具来快速实现。因此，在开展环评基础数据库设计时，要尽可能地将标准的概念模型、逻辑模型转化成为软件工具可以实现的物理模型。

第二篇　环评基础数据库设计

第3章 环评信息分类与代码设计

3.1 概述

环评信息是指环境管理、环境科学、环境技术、环境工程等与环评相关的数据、指令和信号等，以及其相关动态变化信息，包括文字、数字、符号、图形、图像、影像和声音等多种表达形式。环评信息分类是根据环评信息的属性或特征，按一定的规则对其进行区分和归类的过程。环评信息代码则是在环评信息分类的基础上，给环评信息赋予的一个或一组字符。

通过环评信息分类与代码设计，可以理清环评信息主要内容，并为环评信息建立起一定的分类系统和排列顺序，便于环评信息管理和使用，以指导和规范全国各级环境影响评价部门的业务管理、基础数据信息采集与应用、数据库及软件系统设计开发等。

按照内外协调的基本原则，环评信息分类与代码设计应与现有国家、行业标准规范兼容，因此，应在继承和扩展《环境信息分类与代码》（HJ/T 417—2007）的基础上设计环评信息分类与代码。

3.2 环评信息分类的原则与方法

3.2.1 分类原则

（1）科学性与实用性

按照环评信息最稳定的属性及其中存在的逻辑关联作为信息分类的科学依据，并考虑环评信息的特征与发展。类目设置要全面、实用，受关注的、重要的环评信息作为上层类目列出，突出重点、检索方便。

（2）稳定性与兼容性

分类时，结合我国多年来环评信息工作积累的成果，并考虑一些部门正在采用的环境保护等信息的分类与编码。环评信息分类要与国内已有的相关信息分类标准兼容，保持继承性和实际使用的延续性，符合相关国际标准。

（3）协调性与完整性

在分类实施的过程中，在同一层级应采用相同的分类原则，避免各类环评信息互相重复或相互交叉。分类不遗漏重要的信息，确保环评信息的完整性。

（4）可扩展性

在类目的扩展上预留空间，保证可根据需要在分类体系上进行扩展和细化，以适应环评信息的变化和更新。

3.2.2 分类方法

（1）基本方法

基本分类方法遵循《信息分类和编码的基本原则与方法》（GB/T 7027—2002）的规定和要求。

（2）环评信息分类方法

总体上采用面、线分类法相结合的分类方法，其中，一级类目主要采用面分类法，即从信息相对于环评的作用为依据进行分类。下位类目主要采用线分类法，在每一级别上，主要按照该级别所包含信息的内容属性归类。

3.3 环评信息编码的原则与方法

3.3.1 编码原则

（1）唯一性

在一个分类体系中，每一个环评信息类目仅有一个代码，一个代码仅表示一个环评信息类目。

（2）合理性

代码结构与分类体系相适应。

（3）可扩充性

留有适当的后备容量，以适应不断扩充的需要。

（4）简明性

代码结构尽量简明，长度尽量短。

（5）稳定性

环评信息类目的代码一经确定，应保持不变。

（6）规范性

代码的类型、结构以及编写格式统一。

3.3.2 编码方法

遵循《信息分类和编码的基本原则与方法》（GB/T 7027—2002）的规定和要求进行编码。

环评信息的编码采用层次码为主体，每层中再采用顺序码的方法。其中，层次码依据编码对象的分类层级将代码分成若干层级，并与分类对象的分类层次相对应；代码自左至右表示的层级由高至低，代码的左端为最高位层级代码，右端为最低层级代码；采用固定递增格式。顺序码采用递增的数字码。

环评信息类目分为五级，即一级类目、二级类目、三级类目、四级类目和五级类目。必要时，类目层次可根据需要相应增加。类目代码用阿拉伯数字表示。每层代码均采用2 位阿拉伯数字表示，即 01—99。一级类目代码由第一层代码组成，二级及以上类目代码由上位类代码加本层代码组成，代码结构如图 3-1 所示。

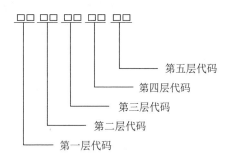

图 3-1　环评信息类目代码结构

3.4　根据现有标准的类目与代码

依据前述环评信息分类和编码的原则与方法，在《环境信息分类与代码》（HJ/T 417—2007）的基础上继承和扩展，环评信息类目与代码具体见 3.4.1 节和 3.4.2 节，由于环评信息类别是继承和扩展现有环境信息分类而来，因而表中环评信息类别代码存在不连续的情形。

3.4.1　二级类目表

环评信息包括 8 个一级类目：环境质量信息、生态环境信息、污染源信息、环境管理业务信息、环境政策法规标准、环境保护相关信息、环境敏感区信息和其他环评信息，表 3-1 列出了环评信息分级二级类目名称与代码。

表 3-1　环评信息分级二级类目名称与代码

代码	一级／二级类目名称	备注
01	环境质量信息	环境质量信息中与环评相关的信息
0101	环境功能区划	
0102	环境质量数据	通过监测、调查等获取的基础数据
0103	环境质量报告	对环境质量基础数据整理、分析和评价的结果

代码	一级／二级类目名称	备注
0199	其他环境质量信息	
02	生态环境信息	包括生态环境的基础数据及其整理、分析和评价的结果
0201	自然生态	
0202	农村生态	
0203	生物多样性	
0204	生物安全	
0299	其他生态环境信息	
03	污染源信息	包括污染源基本信息、生产状况、能源及原材料消耗、污染物排放、治理设施等信息
0301	工业污染源	
0302	农业污染源	
0303	生活污染源	
0304	交通运输污染源	
0305	施工工地污染源	
0306	服务业污染源	
0307	集中式污染治理设施	
0308	环境污染危险源信息	
0309	污染物信息	
0399	其他污染源信息	包括内源（如底泥等）、水土流失、大气输移等形成的污染源，以及入河、湖、库、海排污口和其他污染源信息
04	环境管理业务信息	主要为环评管理业务信息
0402	环境管理制度	
0411	环境专业人才管理认证	
0412	环境公众参与	
0413	环境宣传教育	
0499	其他环境管理业务信息	
08	环境政策法规标准	
0801	环境政策法规	
0802	环境标准	
0899	其他环境政策法规标准	
09	环境保护相关信息	环保系统以外的部门直接采集的与环评相关的信息
0901	自然环境信息	
0902	社会经济信息	
0999	其他环境保护相关信息	
10	环境敏感区信息	
1001	特殊保护区	
1002	生态敏感与脆弱区	
1003	社会关注区	
1099	其他环境敏感区信息	
99	其他环评信息	

3.4.2 五级类目表

在上述二级类目信息的基础上，环评信息具体地可以细分到五级类目，表 3-2 列出了环评信息分级五级类目名称与代码。

表 3-2 环评信息分级五级类目名称与代码

代码	二级/三级类目名称	四级/五级类目名称	备注
1. 环境质量信息			
0101	环境功能区划		
010101	地表水环境功能区划		
010102	环境空气质量功能区划		
010103	噪声环境功能区划		
010105	近岸海域环境功能区划		
010106	生态功能区划		
010107	饮用水水源地功能区划		
010199	其他环境功能区划		
0102	环境质量数据		通过监测、调查等获取的基础数据
010201	水环境质量数据		包括河流、湖泊、水库环境质量数据
01020101		地表水环境质量数据	
01020102		地下水环境质量数据	
01020103		饮用水水源水环境质量数据	
01020104		底泥及沉淀物环境质量数据	
01020105		海洋环境质量数据	
01020199		其他水环境质量数据	
010202	大气环境质量数据		
01020201		气态污染物数据	
01020202		降水数据	包括一般降水数据和酸雨数据
01020203		颗粒物数据	包括降尘、飘尘等各种直径颗粒物数据和沙尘、机动车尾气排放的颗粒物、工业粉尘等不同来源颗粒物数据
01020204		臭氧层和温室气体数据	
01020299		其他大气环境质量数据	
010203	声环境质量数据		
01020301		功能区声环境质量数据	

代码	二级/三级类目名称	四级/五级类目名称	备注
01020302		城市区域声环境质量数据	
01020303		工业区声环境质量数据	
01020304		道路交通线周边区域声环境质量数据	
01020399		其他声环境质量数据	
010205	土壤环境质量数据		
01020501		土壤环境背景数据	
01020502		农业用地土壤环境质量数据	
01020503		牧业用地土壤环境质量数据	
01020504		建筑用地土壤环境质量数据	
01020505		工业用地土壤环境质量数据	
01020506		采矿业用地土壤环境质量数据	
01020507		垃圾堆放区/填埋场土壤环境质量数据	
01020599		其他土壤环境质量数据	
010206	辐射环境质量数据		
01020601		电离辐射数据	
01020602		电磁辐射数据	
01020699		其他辐射环境质量数据	
010299	其他环境质量数据		
0103	环境质量报告		对环境质量基础数据整理、分析和评价的结果
010301	环境状况公报		
010303	环境年鉴		
010304	环境质量报告书		
010305	区域环境质量评价		
010306	环境要素质量评价		
010307	环境质量日报		
010313	环境背景值		
010399	其他环境质量报告		
0199	其他环境质量信息		
2. 生态环境信息			
0201	自然生态		
020101	土壤生态		
02010101		土地开发	

代码	二级 / 三级类目名称	四级 / 五级类目名称	备注
02010102		污染土壤净化与修复	
02010199		其他土壤生态	
020102	草原和草甸生态		
020103	森林生态		
02010301		天然林	
02010302		人工林	
02010399		其他森林生态	
020104	荒漠生态		
02010401		沙漠	
02010402		戈壁	
02010499		其他荒漠生态	
020105	水域生态		
02010501		河流	包括城市河流与一般河流
02010502		封闭水域	包括湖泊、水库等
02010599		其他水域生态	
020106	海洋生态		
02010601		海岛	
02010602		海湾	
02010603		近岸海域	
02010604		重要海洋物种资源集中分布区	包括珍稀、濒危海洋生物天然集中分布区、具有重要经济价值海洋生物生存区等
02010699		其他海洋生态	
020107	湿地生态		更详细的分类参考《国际湿地公约》
02010701		天然湿地	包括海洋 / 海岸湿地和内陆湿地等
02010702		人工湿地	包括水产池塘、水塘、灌溉地、农用泛洪湿地、盐田等
02010799		其他湿地生态	
020108	自然遗迹		
02010801		地质遗迹	
02010802		古生物遗迹	
02010899		其他自然遗迹	
020199	其他自然生态		
0202	农村生态		
020201	耕地		
020202	池塘		
020203	生态农业		
020299	其他农村生态		
0203	生物多样性		

代码	二级／三级类目名称	四级／五级类目名称	备注
020301	物种多样性		
02030101		动物	
02030102		植物	
02030103		微生物	
02030199		其他物种多样性信息	
020302	遗传多样性		
020303	生态系统多样性		
020399	其他生物多样性		
0204	生物安全		
020401	转基因生物安全		
020402	微生物安全		
020403	外来入侵物种安全		
020499	其他生物安全		
0299	其他生态环境信息		
3. 污染源环境信息			
0301	工业污染源		包括污染源监测、调查、分析报告等信息
030101	工业废水污染源		
030102	工业废气污染源		
030103	工业噪声污染源		
030104	工业固体废物污染源		包括工业危险废物污染源和一般工业固体废物污染源
030199	其他工业污染源		
0302	农业污染源		
030201	畜禽养殖业污染源		
030202	水产养殖业污染源		
030203	种植业污染源		
030299	其他农业污染源		
0303	生活污染源		
030301	生活污水污染源		
030302	生活废气污染源		
030303	生活噪声污染源		
030304	生活垃圾污染源		
030399	其他生活污染源		
0304	交通运输污染源		
030401	交通废水污染源		包括船舶废水等交通废水污染源
030402	交通废气污染源		包括机动车尾气及交通废气污染源
030403	交通噪声污染源		包括飞机、船舶、火车、机动车等交通噪声污染源

代码	二级 / 三级类目名称	四级 / 五级类目名称	备注
030499	其他交通运输污染源		
0305	施工工地污染源		
030501	施工废水污染源		
030502	施工扬尘污染源		
030503	施工噪声污染源		
030504	建筑垃圾污染源		
030599	其他施工工地污染源		
0306	服务业污染源		
030601	医院		
030602	餐饮业		
030603	娱乐服务业		
030604	旅馆业		
030605	居民服务业		包括理发及美容化妆业、洗浴业、洗染业、摄影及扩印业、托儿所、日用品修理业、殡葬业等
030699	其他服务业污染源		
0307	集中式污染治理设施		
030701	城镇污水处理厂		
030704	垃圾处理厂（场）		
030705	放射性废物贮存库		
030706	危险废物处置单位		
030799	其他集中式污染治理设施		
0308	环境污染危险源信息		
030801	水污染危险源		
030802	大气污染危险源		
030805	土壤污染危险源		
030806	辐射污染危险源		
030899	其他环境污染危险源信息		
0309	污染物信息		
030901	污染物类型与性质		
030902	污染物去除方法		
030999	污染物其他信息		
0399	其他污染源信息		包括内源（如底泥等）、水土流失、大气输移等形成的污染源，以及入河、湖、库、海排污口和其他污染源信息

代码	二级/三级类目名称	四级/五级类目名称	备注
4. 环境管理业务信息			
0402	环境管理制度		
040204	环境影响评价管理		
04020401		政策环境影响评价	对国民经济和社会发展的各项重大决策和宏观政策开展的环境影响评价的信息，具体内容包括政策环境影响报告全文、报告表（登记表）、附件等
04020402		规划环境影响评价	包括对土地利用的有关规划，区域、流域、海域的建设、开发利用规划，工业、农业、畜牧业、林业、能源、水利、交通、城市建设、旅游、自然资源开发的有关专项规划开展的环境影响评价的信息，具体内容包括规划环境影响报告全文数据、报告表（登记表）、附件等
04020403		建设项目环境影响评价	对象是拟议中的建设项目，为其合理布局和选址、确定生产类型和规模以及拟采取的环保措施等决策服务的信息，具体内容包括建设项目环境影响报告全文数据、报告表（登记表）、附件、环评指标数据等。（具体行业建设项目参见《建设项目环境影响评价分类管理名录》）
0402040301		核与辐射类建设项目	
0402040302		水利类建设项目	
0402040303		农、林、牧、渔类建设项目	
0402040304		地质勘查类项目	
0402040305		煤炭类建设项目	
0402040306		电力类建设项目	
0402040307		石油、天然气类建设项目	
0402040308		黑色金属类建设项目	
0402040309		有色金属类建设项目	
0402040310		金属制品类建设项目	
0402040311		非金属矿采选及制品制造类建设项目	
0402040312		机械、电子类建设项目	
0402040313		石化、化工类建设项目	
0402040314		医药类建设项目	

代码	二级 / 三级类目名称	四级 / 五级类目名称	备注
0402040315		轻工类建设项目	
0402040316		纺织化纤类建设项目	
0402040317		公路类建设项目	
0402040318		铁路类建设项目	
0402040319		民航机场类建设项目	
0402040320		水运类建设项目	
0402040321		城市交通设施类建设项目	
0402040322		城市基础设施及房地产类建设项目	
0402040323		社会事业与服务业类建设项目	
0402040399		其他建设项目环评信息	
04020404		技术和产品发展设计环境影响评价	包括新产品和新技术开发环境影响评价和生命周期评价
04020405		环境影响评价资质管理	对环评机构的管理，包括建设项目环境影响评价单位的资格审查等
0402040501		环境影响单位管理	包括环评单位的环评资质、环评业绩等管理信息
0402040502		评估单位管理信息	包括技术评估、审查批复单位的管理信息
0402040599		其他环评机构管理信息	
04020406		建设项目审批管理	包括建设项目环境影响报告书、报告表（登记表）的技术评估、审批文件，以及建设项目环境影响评价文件重新审核等
04020407		建设项目设计、施工期、试生产环境管理及建设项目竣工环境保护验收	
04020408		建设项目环境影响后评价信息	
04020409		政策审批管理	包括政策环境影响报告书的技术评估、审批文件
04020410		规划审批管理	包括规划环境影响报告书的技术评估、审批文件
04020411		其他环境管理业务信息	
0411	环境专业人才管理认证		环评人员管理信息
041101	环境影响评价工程师职业资格管理		

代码	二级/三级类目名称	四级/五级类目名称	备注
041102	环评持证上岗资格管理		
041103	技术评估专家信息管理		
041199	其他环境专业人才管理认证		
0412	环境公众参与		
041201	环境信访		
04120101		公众来电	
04120102		公众来信	包括电子邮件、环境保护管理部门网页上的留言等网上信访信息以及普通来信
04120103		公众来访	
04120199		其他环境信访	
041202	建议提案		
04120201		人大代表建议	
04120202		人大政协提案	
04120299		其他建议提案	
041203	公众监督		
04120301		新闻舆论监督	
04120302		公众舆论监督	
04120399		其他公众监督	
041204	公众调查		
041205	听证会		
041206	政务信息公开		
041299	其他环境公众参与		
0413	环境宣传教育		
041301	环境宣传		
04130101		宣传活动	
04130102		新闻宣传	
04130103		出版物宣传	
04130199		其他环境宣传	
041302	环境教育与培训		
04130201		专业教育	包括各类高等学校、高等职业技术教育、中专、职业高中的环境专业教育
04130202		普及教育	包括高等院校的环境公共选修课、中小学校、幼儿园等开设的环境知识普及课
04130203		岗位培训	包括针对各类从事环保有关工作的人员开展的岗位培训

代码	二级/三级类目名称	四级/五级类目名称	备注
04130204		在职培训	包括对领导干部、公务员培训中环境相关内容的培训
04130299		其他教育培训	
041303	环境保护典范及表彰		
04130305		环评机构表彰信息	
04130306		环评人员表彰信息	
04130399		其他环境保护模范及表彰	
041399	其他环境宣传教育		
0499	其他环境管理业务信息		
5. 环境政策法规标准			
0801	环境政策法规		
080101	环境法律		
08010101		环境保护法律	
08010199		其他法律	
080102	环境法规		
08010201		环境行政法规	
08010202		地方性环境法规	
08010299		其他法规	
080103	环境规章		
08010301		环境相关部门规章	
08010302		环境相关行政规范性文件	
08010399		其他规章	
080104	环境政策		包括环境经济政策、污染防治技术政策等
08010401		国家环境政策	
08010402		地方环境政策	
08010499		其他环境政策	
080105	产业政策		
08010501		国家发布的经济政策	
08010502		地方发布的经济政策	
080199	其他环境政策法规		
0802	环境标准		包括与环评相关的标准规范、技术导则
080201	环境保护基础标准		规定环境保护工作中需要统一的术语、符号、代号（码）、图形、指南、导则及编码等
08020101		环境信息标准	
08020199		其他环境保护基础标准	
080203	环境质量标准		

代码	二级/三级类目名称	四级/五级类目名称	备注
08020301		水环境质量标准	
08020302		大气环境质量标准	
08020303		土壤环境质量标准	
08020304		声环境质量标准	
08020399		其他环境质量标准	
080204	污染物排放/控制标准		浓度控制标准
08020401		水污染物排放标准	
08020402		大气污染物排放标准	
08020403		环境噪声排放标准	
08020404		固体废物污染控制标准	
08020499		其他污染物排放（控制）标准	
080205	污染物总量控制标准		
08020501		水污染物总量控制标准	
08020502		大气污染物总量控制标准	
08020503		土壤污染物总量控制标准	
08020504		固体废物总量控制标准	
08020599		其他污染物总量控制标准	
080206	环境监测规范/方法标准		
08020601		水质监测规范/方法标准	
08020602		大气质量监测规范/方法标准	
08020603		噪声监测规范/方法标准	
08020604		土壤环境监测规范/方法标准	
08020605		危险废物鉴别标准	
08020606		固体废物鉴别方法标准	
08020607		电离与电磁辐射监测规范/方法标准	
08020699		其他环境监测规范/方法标准	
080208	环境保护技术规范/标准		
08020801		污染防治技术标准	
08020802		环境影响评价技术导则	
08020803		环境保护工程技术规范	
08020804		环境保护验收技术规范	

代码	二级 / 三级类目名称	四级 / 五级类目名称	备注
08020807		环境影响评价技术规范	
08020899		其他环境保护技术规范 / 标准	
080209	生态环境保护标准		
08020901		生态环境监测规范 / 方法标准	
08020902		生态环境保护技术规范 / 标准	
08020999		其他生态环境保护标准	
080210	电离和电磁辐射环境保护标准		
08021001		电离辐射环境保护标准	
08021002		电磁辐射环境保护标准	
08021099		其他电离和电磁辐射环境保护标准	
080211	环境保护管理标准		
08021101		建设项目监督管理标准	
08021102		清洁生产标准	
08021103		循环经济标准	
08021199		其他环境保护管理标准	
080299	其他环境标准		
0899	其他环境政策法规标准		

6. 环境保护相关信息

代码	二级 / 三级类目名称	四级 / 五级类目名称	备注
0901	自然环境信息		
090101	地形地貌		
09010101		陆地地形地貌	包括山地、丘陵、平原、高原、盆地等
09010102		海底地形地貌	主要包括大陆架、大陆坡和大洋底等
09010199		其他地形地貌	
090102	地质		
09010201		基础地质	
09010202		水文地质	
09010203		工程地质	
09010299		其他地质	
090103	水系及流域		包括自然河流、人工河渠、湖泊、水库、海洋要素、水利附属设施等信息
09010301		流域划分界线及面积	
09010302		流域辖区	

代码	二级 / 三级类目名称	四级 / 五级类目名称	备注
09010303		水系交汇点及干流、支流特征	
09010399		其他水系及流域	
090104	气象		
09010401		地面气象	包括一般地面气象和微观气象
09010402		高空气象	
09010403		海洋气象	
09010499		其他气象	
090105	水资源		
09010501		地表水资源	
0901050101		可用地表水资源	
0901050102		地表水资源总量	
0901050199		其他地表水资源信息	
09010502		地下水资源	
0901050201		地下水资源总量	
0901050202		可用地下水资源	
0901050299		其他地下水资源信息	
09010503		土壤水资源	
09010504		非常规水资源	包括降水资源、污水资源、微咸水水资源等
09010599		其他水资源信息	
090106	生物资源		
09010601		物种资源	狭义的物种资源信息，仅指非遗传资源部分
09010602		遗传资源	
09010699		其他生物资源	包括生物资源在数量、分别、结构方面的信息
090107	矿产资源		
09010701		黑色金属	
09010702		有色金属	
09010703		贵稀金属	
09010704		非金属矿	
09010705		冶金辅助原料	
09010706		化工原料	
09010707		建材原料	
09010799		其他矿产资源	
090108	能源资源		
09010801		一次性能源	
09010802		二次性能源	

代码	二级 / 三级类目名称	四级 / 五级类目名称	备注
09010803		新能源	
09010899		其他能源资源	
090109	自然灾害		
09010901		气象灾害	
09010902		海洋灾害	
09010903		洪水灾害	
09010904		地质灾害	
09010905		生物灾害	
09010906		森林灾害	
09010907		地震灾害	
09010999		其他自然灾害	
090199	其他自然环境信息		
0902	社会经济信息		
090201	人口		
09020101		人口基础信息	包括人口规模、密度等信息
09020102		人口结构信息	包括性别、年龄、就业等结构信息
09020103		人口分布信息	包括区域分布、城乡分布等信息
09020104		人口质量信息	包括人口寿命、健康状况等信息
09020199		其他人口信息	
090202	交通		
09020201		铁路	
09020202		公路	
09020203		航运	
09020204		航空	
09020299		其他交通信息	
090203	区划		
09020301		地名	
09020302		国、省、市、县级界线	
09020303		海域划界	
09020304		城市规划区	
09020305		城市建成区	
09020306		农业及其他经济区划	
09020307		工业区划	
09020308		自然区划	
09020309		城市功能区	
09020399		其他区划	
090204	基础设施		
09020401		科研教育设施	
09020402		文化设施	

代码	二级/三级类目名称	四级/五级类目名称	备注
09020403		卫生设施	
09020404		居住条件	
09020405		市政设施	
09020406		公共交通	
09020407		邮电通信	
09020408		服务设施	
09020409		环境保护设施	
09020499		其他基础设施	
090205	经济		
09020501		国民生产总值及产业结构	
09020502		工农业总产值及分布	
09020505		工业总产值及分布	
09020506		服务业产值及分布	
09020599		其他经济信息	
090206	能源消耗		
09020601		能源结构	
09020602		煤消耗	
09020603		燃气消耗	
09020604		电消耗	
09020605		燃油消耗	
09020606		生物能源消耗	
09020699		其他能源消耗	
090207	用水情况		
09020701		总用水	
09020702		农业用水	
09020703		工业用水	
09020704		生活用水	
09020705		集中供水	
09020799		其他用水	
090208	土地利用		
09020801		耕地	
09020802		园地	
09020803		林地	
09020804		草地	
09020805		商服用地	
09020806		工矿仓储用地	
09020807		住宅用地	
09020808		公共管理与公共服务用地	
09020809		特殊用地	

代码	二级 / 三级类目名称	四级 / 五级类目名称	备注
09020810		交通运输用地	
09020811		水域及水利设施用地	
09020812		未利用地	
09020899		其他土地利用信息	
090299	其他社会经济信息		
0999	其他环境保护相关信息		
7. 环境敏感区信息			
1001	特殊保护区		
100101	自然保护区		
100102	风景名胜区		
100103	世界文化和自然遗产地		
100104	饮用水水源保护区		
100199	其他特殊保护区		
1002	生态敏感与脆弱区		
100201	基本农田保护区		
100202	基本草原		
100203	森林公园		
100204	地质公园		
100205	重要湿地		
100206	天然林		
100207	珍稀濒危野生动植物天然集中分布区		
100208	重要水生生物的自然产卵场及索饵场		
100209	越冬场和洄游通道		
100210	天然渔场		
100211	资源性缺水地区		
100212	水土流失重点防治区		
100213	沙化土地封禁保护区		
100214	封闭及半封闭海域		
100215	富营养化水域		
100299	其他生态敏感与脆弱区		
1003	社会关注区		

代码	二级/三级类目名称	四级/五级类目名称	备注
100301	以居住、医疗卫生、文化教育、科研、行政办公等为主要功能的区域		
100302	文物保护单位		
100303	具有特殊历史、文化、科学、民族意义的保护地		
100399	其他社会关注区		
1099	其他环境敏感区信息		

3.5 根据环评业务的类目与代码

在《环境信息分类与代码》（HJ/T 417—2007）的基础上继承和扩展产生的环评信息分类，虽然严谨规范，但不够方便实用。为便于使用，从在环境影响评价业务过程中的作用和地位的角度出发，对环评信息重新进行梳理、分类，并建立针对环评业务的环评信息分类，同时还建立该分类与前述环评信息分类的映射关系。

针对环境影响评价业务，环境影响评价信息可以分为 6 个一级类目，包括：环境影响评价依据信息、环境现状信息、环境影响评价业务信息、环境影响评价管理信息、环境影响评价基础支撑信息和其他环境影响评价信息，以及相应的子类目，表 3-3 列出了该分类的二级类目名称及其与前述分类的映射关系。

表 3-3　依据环评业务的环评信息二级类目名称与代码

环评业务过程中的环评信息一级/二级类目名称	对应的前述环评信息分类类目代码	对应的前述环评信息分类类目名称
环评依据信息	—	—
环评政策法规	0801	
强制淘汰制度		环境政策法规
环评相关目录名录		
环评标准规范	0802	环境标准
其他环评依据信息	0899	其他环境政策法规标准
环境现状信息	—	—
环境功能区划	0101	环境功能区划
环境质量信息	0102	环境质量数据
	0103	环境质量报告
	0199	其他环境质量信息
生态环境信息	02	生态环境信息

环评业务过程中的环评信息一级 / 二级类目名称	对应的前述环评信息分类类目代码	对应的前述环评信息分类类目名称
环境敏感区信息	10	环境敏感区信息
污染源信息	03	污染源信息
其他环境现状信息	—	—
环评业务信息	—	—
战略环评信息	04020401	政策环境影响评价
规划环评信息	04020402	规划环境影响评价
建设项目环评信息	04020403	建设项目环境影响评价
建设项目竣工验收环评信息	04020407	建设项目设计 / 施工期 / 试生产环境管理及建设项目竣工环境保护验收
环境影响后评价信息	04020408	建设项目环境影响后评价信息
其他环评业务信息	04020404	技术和产品发展设计环境影响评价
	04020411	其他环境管理业务信息
环评管理信息	—	—
环评机构管理信息	04020405	环境影响评价资质管理
环评人员管理信息	0411	环境专业人才管理认证
环评宣传教育信息	0413	环境宣传教育
其他环评管理信息	0412	环境公众参与
	04020406	建设项目审批管理
	04020409	政策审批管理
	04020410	规划审批管理
环评基础支撑信息	—	—
基础地理信息	0901	自然环境信息
资源环境要素信息	0902	社会经济信息
社会经济要素信息		
其他环评基础支撑信息	0999	其他环境保护相关信息
其他环评信息	99	其他环评信息

第4章 环评信息核心元数据设计

4.1 概述

环评信息核心元数据是描述环评信息数据集最基本属性的元数据实体和元数据元素，是环评信息元数据的最小子集，各业务应用时，应包含环评信息核心元数据。

通过设计环评信息核心元数据，可以为环评信息管理人员、环评信息数据集元数据的著录人员、元数据库的建库人员和相关的技术开发人员等提供技术指导，规范环评信息元数据编目、建库、发布和查询，保障环评信息资源的规范化描述和利用，促进环评信息资源的共享。

按照内外协调的基本原则，环评信息核心元数据设计应与现有国家、行业标准规范兼容，因此，应在遵循《环境信息元数据规范》（HJ 720—2014）的基础上，并按照该规范的元数据扩展方案进行环评信息核心元数据设计，重点设计环评信息核心元数据框架、核心元数据的著录规则，并定义环评信息核心元数据内容，用以描述环评数据集的标识、内容、管理以及维护等信息。

4.2 环评信息元数据框架

环评信息元数据整体框架如图4-1所示，包括8个元数据子集：标识信息、覆盖范围信息、内容信息、维护信息、限制信息、数据质量信息、分发信息和元数据描述信息。

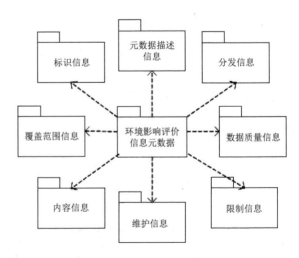

图 4-1　环评信息元数据整体框架

各元数据子集的内容见表 4-1。

表 4-1　环评信息元数据子集

序号	子集名称	子集内容
1	标识信息	标识信息包含唯一标识数据集的信息，内容包括环评信息的数据集名称、数据集发布日期、数据集摘要、数据集提供方、关键字、数据集分类和数据量等信息。标识信息实体是必选的
2	覆盖范围信息	覆盖范围信息提供数据覆盖范围的描述信息，内容包括环评信息资源的空间范围和时间范围。覆盖范围信息实体是必选的
3	内容信息	内容信息提供数据内容特征的描述信息，内容信息实体是必选的，环评信息各业务应用可根据需要重点扩展内容信息中的元数据
4	维护信息	维护信息包含有关数据集的更新频率的信息。维护信息实体是可选的
5	限制信息	限制信息包含访问和使用数据集的限制信息。限制信息实体是可选的
6	数据质量信息	数据质量信息包含数据集的数据志说明信息。数据质量信息实体是可选的
7	分发信息	分发信息包含获取数据集的途径分发格式信息，如在线资源链接地址。分发信息实体是可选的
8	元数据描述信息	元数据描述信息是对本指南制定的环评元数据的描述信息。元数据描述信息实体是必选的

4.3　环评信息核心元数据内容

环评信息核心元数据由 8 个元数据子集共 19 个元数据实体和元数据元素组成，可用于环评信息数据集的编目、数据交换活动和对数据集的描述。在 19 个元数据实体和元数据元素中，有 10 个是必选的，分别是：

（1）数据集名称；

（2）数据集摘要；

（3）数据集提供方；

（4）关键字；

（5）数据集分类；

（6）数据集标识符；

（7）环评业务信息；

（8）数据志说明；

（9）数据分发格式；

（10）元数据标识符。

4.4 环评信息核心元数据定义

4.4.1 标识信息

表 4-2 标识信息核心元数据定义

序号	内容	定义	数据类型	值域	是否必选	子元素
1	标识信息	元数据描述的环评信息数据集的基本信息	复合型		是	数据集名称、数据集发布日期、数据集摘要、数据集提供方、关键字、数据集分类、数据量、数据集标识符
2	数据集名称	缩略描述环评信息数据集内容的标题	字符串	自由文本	是	
3	数据集发布日期	环评信息数据集提供方发布数据集的日期	日期型	按 GB/T 7408—2005，格式为 YYYY-MM-DD	否	
4	数据集摘要	对数据集内容进行概要说明的文字，还可包含环评空间数据详细描述信息	字符串	自由文本	是	
5	数据集提供方	提供数据集的人或单位的名称和地址信息等	复合型		是	数据集提供方名称、数据集提供方地址、数据集提供方电话、数据集提供方电子邮件地址
6	关键字	用于概括环评信息数据集主要内容的通用词、形式化词或短语	字符串	自由文本	是	
7	数据集分类	说明环评信息数据集分类方式及其相应的分类信息	复合型		是	类目名称、类目编码、分类标准
8	类目名称	用于描述主题的通用词、形式化词或短语	字符串	自由文本	是	
9	类目编码	类目名称对应的编码	字符串	自由文本	是	
10	分类标准	说明数据集分类所依据的分类标准	字符串	自由文本	是	

序号	内容	定义	数据类型	值域	是否必选	子元素
11	数据量	环评信息数据集的大小	字符串	自由文本	否	
12	数据集标识符	数据集的唯一标识	字符串	自由文本	是	

4.4.2　覆盖范围信息

表 4-3　覆盖范围信息核心元数据定义

序号	内容	定义	数据类型	值域	是否必选	子元素
1	覆盖范围信息	描述环评信息数据集的空间和时间覆盖范围的信息	复合型	.	是	空间范围、时间范围
2	空间范围	数据集涉及的空间范围	复合型		否	平面范围、位置描述、垂向范围
3	平面范围	大面积地理范围	复合型		否	东经、北纬、坐标系统、投影系统、空间分辨率、等效比例尺分母、采样间隔
4	位置描述	数据集所在的地理位置的描述	字符串	自由文本	否	
5	垂向范围	数据集覆盖范围在垂向内的范围	复合型		否	垂向最大值、垂向最小值、高程系统
6	时间范围	数据集内容跨越的时间段	复合型		否	起始时间、结束时间
7	起始时间	数据集内容跨越的时间段的起始时间	日期型	按 GB/T 7408—2005，格式为 YYYY-MM-DD	是	
8	结束时间	数据集内容跨越的时间段的终止时间	日期型	按 GB/T 7408—2005，格式为 YYYY-MM-DD	否	

4.4.3 内容信息

表 4-4 内容信息核心元数据定义

序号	内容	定义	数据类型	值域	是否必选	子元素
1	内容信息	提供环评数据内容特征的描述信息	复合型		是	资源域、环评业务信息
2	资源域	环评数据资源所在的资源范围	字符串	见环评业务信息代码表"名称"列	是	
3	环评业务信息	环评业务数据的描述信息	复合型		是	环评基础支撑信息、环评核心业务成果信息、环评管理信息
4	环评基础支撑信息	环评所需的基础支撑信息所在的范围	字符串	见环评业务信息代码表"名称"列"环评基础支撑信息"部分	是	
5	环评核心成果信息	环评核心成果的描述信息	复合型		是	环评报告书、技术评估报告、验收调查报告
6	环评报告书	环评报告书的描述信息	复合型		是	所属门类信息、环评单位信息、评估专家信息、环评日期
7	所属门类信息	环评所需的基础支撑信息所在的范围	字符串	见环评报告书类型代码表"名称"列	是	
8	环评单位信息	执行环评的单位的信息	复合型		是	评估单位名称、评估单位地址、评估单位联系电话、评估单位电子邮件地址
9	评估专家信息	执行环评的专家信息	复合型		是	评估专家姓名、评估专家性别、评估专家职称、评估专家专业特长、评估专家联系地址、评估专家联系电话、评估专家电子邮件地址
10	环评日期	执行环评的日期	日期型	按 GB/T 7408—2005，格式为 YYYY-MM-DD	是	
11	技术评估报告	技术评估报告的描述信息	复合型		是	撰写单位信息、技术评估报告完成日期
12	撰写单位信息	负责撰写技术评估报告的单位信息	复合型		是	撰写单位名称、撰写单位地址、撰写单位联系电话、撰写单位电子邮件地址

序号	内容	定义	数据类型	值域	是否必选	子元素
13	技术评估报告完成日期	技术评估报告的完成日期	日期型	按 GB/T 7408—2005，格式为 YYYY-MM-DD	是	
14	验收调查报告	验收调查报告的描述信息	复合型		是	验收单位信息、验收专家信息、验收日期
15	验收单位信息	执行环评验收的单位信息	复合型		是	验收单位名称、验收单位地址、验收单位联系电话、验收单位电子邮件地址
16	验收专家信息	执行环评验收的专家信息	复合型		是	验收专家姓名、验收专家性别、验收专家职称、验收专家专业特长、验收专家联系地址、验收专家联系电话、验收专家电子邮件地址
17	验收日期	执行环评验收的日期	日期型	按 GB/T 7408—2005，格式为 YYYY-MM-DD	是	
18	环评管理信息	描述环评所需的管理的信息	字符串	见环评业务信息代码表"名称"列中"环评管理信息"部分	是	

4.4.4　维护信息

表 4-5　维护信息核心元数据定义

序号	内容	定义	数据类型	值域	是否必选	子元素
1	维护信息	描述环评信息数据集维护的信息	复合型		否	更新频率、维护方信息、维护日期
2	更新频率	在数据集初次完成后，对其进行修改和补充的频率	字符串	见数据集更新频率代码表"名称"列	否	
3	维护方信息	维护数据集的人或单位的名称和地址信息等	复合型		否	维护方名称、维护方地址、维护方联系电话、维护方电子邮件地址
4	维护日期	更新数据的日期	日期型	按 GB/T 7408—2005，格式为 YYYY-MM-DD	否	

4.4.5 限制信息

表 4-6 限制信息核心元数据定义

序号	内容	定义	数据类型	值域	是否必选	子元素
1	限制信息	描述用户访问和使用环评信息数据集的限制	复合型		否	数据集安全限制分级
2	数据集安全限制分级	对数据集处理的限制的名称	字符串	见安全限制分级代码表"名称"列	否	

4.4.6 数据质量信息

表 4-7 数据质量信息核心元数据定义

序号	内容	定义	数据类型	值域	是否必选	子元素
1	数据质量信息	提供数据集质量的总体评价信息	复合型		否	数据志说明
2	数据志说明	数据生产者有关数据集的产生背景、处理方法、处理步骤等信息的一般说明,一般涉及环评信息数据采集来源、分析方法、引用标准、相关业务数据、数据一致性等信息	字符串	自由文本	是	

4.4.7 分发信息

表 4-8 分发信息核心元数据定义

序号	内容	定义	数据类型	值域	是否必选	子元素
1	分发信息	提供获取环评信息数据集的途径信息	复合型		否	在线资源链接地址、数据分发格式、分发者信息、分发日期
2	在线资源链接地址	可以获取环评信息数据集的网络地址,一般指向具体的数据资源应用	字符串	自由文本,按RFC2396规定	是	
3	数据分发格式	数据分发的格式说明	字符串	自由文本	是	
4	分发者信息	数据集分发者信息	复合型		是	分发者名称、分发者地址、分发者联系电话、分发者电子邮件地址

序号	内容	定义	数据类型	值域	是否必选	子元素
5	数据分发日期	分发数据的日期	日期型	按 GB/T 7408—2005，格式为 YYYY-MM-DD	否	

4.4.8　元数据描述信息

表 4-9　元数据描述信息核心元数据定义

序号	内容	定义	数据类型	值域	是否必选	子元素
1	元数据描述信息	对环评信息元数据的描述信息	复合型		否	元数据标识符、元数据维护方、元数据更新日期
2	元数据标识符	元数据的唯一标识	字符串	自由文本	是	维护方名称、维护方地址、维护方联系电话、维护方电子邮件地址
3	元数据维护方	元数据内容维护方的名称和地址信息等	复合型		否	
4	元数据更新日期	更新元数据的日期	日期型	按 GB/T 7408—2005，格式为 YYYY-MM-DD	否	

4.5　环评信息核心元数据代码

4.5.1　环评业务信息代码表

表 4-10　环评业务信息代码

代码	分类方式	名称
R01	环评基础支撑信息	
R0101		1：400 万全国基础地理空间数据
R0102		1：100 万全国基础地理空间数据
R0103		1：25 万全国基础地理空间数据
R0104		全国及典型区遥感影像等其他基础地理数据
R0105		1：100 万全国环境敏感区数据
R0106		国家级法律、法规、产业政策
R02	环评核心成果信息	
R0201		环评报告书全文电子文档

代码	分类方式	名称
R0202		重点行业建设项目环评指标信息
R03	环评管理信息	
R0301		国家级技术评估专家
R0302		环评单位
R0303		环评工程师
R0304		环评上岗持证人员

4.5.2 环评报告书类型代码表

表 4-11 环评报告书类型代码

代码	环评报告类别
RC01	化工石化医药类
RC02	建材火电类
RC03	轻工纺织化纤类
RC04	冶金机电类
RC05	交通运输类
RC06	农林水利类
RC07	采掘类
RC08	海洋工程类
RC09	输变电及广电通信、核工业类
RC10	社会区域类

4.5.3 数据集更新频率代码表

表 4-12 数据集更新频率代码

代码	名称
01	年
02	半年
03	季度
04	双月
05	月
06	旬
07	周
08	日
09	小时
10	分钟
11	秒

4.5.4　安全限制分级代码表

根据《文献保密等级代码与标识》（GB/T 7156—2003）设计安全限制分级代码表。

表 4-13　安全限制分级代码

代码	名称	定义
001	公开级	文献可在国内外发行和交换
002	限制级	文献内容不涉及国家秘密，但在一定时间内限制其交流和使用范围
003	秘密级	文献内容涉及一般国家秘密
004	机密级	文献内容涉及重要的国家秘密
005	绝密级	文献内容涉及最重要的国家秘密

第5章 环评基础数据库结构设计

5.1 概述

环评基础数据中心是环评基础数据库的重要建设内容，由业务数据、支撑数据、管理数据等三大数据库群构建，具体又包括若干专题数据库，如环保法律法规数据库、环境敏感区数据库、环境影响报告书数据库、重点行业环评指标数据库、环评专家信息数据库等。

环评基础数据库结构设计从宏观层次上说明环评基础数据库结构设计应遵循的基本内容，以更好地规范和指导各个专题数据库的设计工作，从宏观层次上保障各个专题数据库的风格统一和内容协调，提升环评基础数据库设计与建设水平。

环评基础数据库结构设计说明数据库结构设计的流程，包括需求分析、概念设计、逻辑结构设计、物理结构设计等环节，给出各个环节的具体工作内容与方法及对应的要求等，为环评基础数据库设计、开发、管理、维护人员提供技术参考。

5.2 总体流程

环评基础数据库设计总体流程如图 5-1 所示，包括需求分析、概念模型设计、逻辑模型设计、物理设计、测试修改和编写数据字典六个环节。

需求分析对环评基础数据库用户、应用需求、数据资源现状等开展分析，形成需求调研报告；概念模型设计根据需求分析，识别实体及其属性以及实体间的相互关系，并绘制出实体—关系模型图；逻辑模型设计基于特定的数据库管理系统，将实体—关系模型转换为数据模型，确定实体表及其表字段以及表与表之间的关系；物理设计针对选定的数据库管理系统和硬件系统，进行物理存储安排，建立数据库表，设计索引；加载测试录入测试数据，编写数据存取模式，对环评基础数据库进行测试和修改；环评基础数据库设计完成后，需要编写数据字典，形成数据库设计说明书。

上述数据库设计流程中的每一阶段都是对前一阶段成果的检验，对于发现的任何错误或偏差都需要进行及时的评估，并进行相应的修正完善。

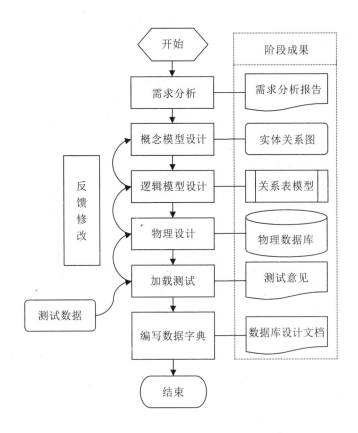

图 5-1　环评基础数据库设计总体流程图

5.3　需求分析

　　环评基础数据库需求分析的主要任务是通过详细调查环评基础数据库的应用部门，了解各级用户对环评基础数据库的使用需求和应用流程，掌握环评信息资源的现状与特征，明确数据库涉及的数据实体、用户对象、数据流转应用模式等。

　　需求分析的重点是调查、收集和分析用户数据管理中的信息需求、处理需求、安全性与完整性要求。信息需求是指用户需要从数据库中获得信息的内容和性质。由用户的信息需求可以导出数据需求，即在数据库中应该存储哪些数据。处理需求是指用户要求完成什么处理功能，对某种处理要求的响应时间，处理方式指是联机处理还是批处理等。

　　需求分析可以分为两个步骤：需求调查和分析表达。需求调查是指对用户对于环评基础数据库的各种需求，以及用户目前掌握的环评数据资源现状的调查。分析表达是指对用户的需求进行梳理和分析，对环评基础数据库涉及的数据实体、用户对象、数据流转过程、应用模式等进行表达。

　　（1）需求调查

　　需求调查的具体内容包括：

①调查组织机构分工情况

了解环境影响评价基础数据库使用单位组织机构的情况、各部门职能分工、人员设置等，为环评基础数据库使用流程、应用模式的设计做准备。

②调查各部门数据资源及其信息化情况

了解各部门日常使用、生产、管理的业务数据资源都有哪些，这些数据资源的格式、数据量以及信息化管理（是否已有数据库和管理系统，如果有，说明采用的数据库软件和管理系统软件版本、运行环境等）的现状等。

③环境影响评价基础数据库需求调查

包括对环境影响评价基础数据内容、处理功能、应用部署模式和保密安全、共享以及运行管理的要求。

④确定环境影响评价基础数据库的边界

确定需要设计的环境影响评价基础数据库的数据内容范围、数据来源及获取方式、数据录入方式（手工录入还是从已有成果中进行批量导入等）等。

（2）分析表达

通过需求调查了解用户需求后，还需要进一步分析、抽象和表达用户的需求，使之转换为后续各设计阶段可用的形式。可采用自顶向下的结构化分析方法（Structured Analysis，SA），该方法是一种简单实用的分析表达方法，从最上层的系统组织机构入手，采用自顶向下、逐层分解的方式，并把每一层用数据流图和数据字典描述。

（3）编写需求分析报告

经过需求调查和分析表达两个阶段，需要最终形成数据库需求分析报告。需求分析报告的编写是一个不断反复、逐步深入和逐步完善的过程，应该包括的主要内容有：环评基础数据库目标与范围、组织机构与业务流程现状、已有数据资源及其信息化现状、环评基础数据库用户分析、环评基础数据库数据内容与获取分析、环评基础数据库功能与数据流分析、环评基础数据库部署应用分析。完成需求分析报告后，应由数据库设计方和用户进行交流审查并签字确认。

5.4　概念模型设计

概念模型是对真实世界中问题域内事物的描述，它是真实世界到信息世界的第一层抽象，概念模型必须具备以下特性：

（1）语义表达能力丰富

概念模型能表达用户的各种需求，充分反映现实世界，包括事物和事物之间的联系、用户对数据的处理要求，它是现实世界的一个真实模型。

（2）易于交流和理解

概念模型是数据库管理员、应用开发人员和用户之间的主要界面，因此，概念模型要表达自然、直观和容易理解，以便和不熟悉计算机的用户交换意见，用户的积极参与是保证数据库设计和成功的关键。

（3）易于修改和扩充

概念模型要能灵活地加以改变，以反映用户需求和现实环境的变化。

（4）易于向各种数据模型转换

概念模型独立于特定的数据库管理系统，因而更加稳定，能方便地向关系模型、网状模型或层次模型等各种数据模型转换。

环境影响评价基础数据库概念模型的主要任务是通过对环境影响评价基础数据库用户的需求进行综合、归纳与抽象，说明环境影响评价基础数据库将反映的现实世界中的实体、属性和它们之间的联系等的原始数据形式，形成一个独立于具体数据库管理系统的概念模型。E-R（Entity-Relation，实体—关系）图模型是一种具备上述特性且广泛使用的数据库概念设计模型，环评基础数据库的概念模型可采用实体—关系图模型来表达。

环评基础数据库概念模型可以按照以下步骤进行设计：

（1）准备工程

从环评基础数据库建库目的描述和范围描述开始，确定建模目标，开发建模计划，组织建模队伍，收集环境影响评价基本数据资料，制定约束和规范。

（2）定义实体

实体都有一个共同的特征和属性集，可以从收集的环境影响评价基本数据资料表中直接或间接标识出大部分实体。

（3）定义属性

选择说明性的名词定义实体的属性，建立至少符合第三范式的 IDEF1X 模型的全属性视图。定义主键属性，检查主键属性的非空及非多值规则。检查完全依赖函数规则和非传递依赖规则，保证非主键属性必须依赖于主键。

（4）定义联系

联系类型分为三种：一对一（1：1），一对多（1：n）和多对多（m：n）。根据实际情况，首先使用实体联系矩阵来标识实体间的二元联系，然后根据实际情况确定联系类型和联系的名称。

5.5 逻辑模型设计

逻辑模型设计是指将概念模型设计的 E-R 模型转换为某个具体的数据库管理系统所支持的数据模型，根据数据表命名规范确定数据表标识，根据字段命名规则确定表字段的标识以及表字段的类型、长度、精度以及主外键等，形成逻辑数据库，并对其进行优化。

设计逻辑模型时应该选择最适于描述与表达相应概念模型的数据模型，然后选择最合适的数据库管理系统。环评基础数据库逻辑模型采用关系模型来表达，基于关系模型的数据库逻辑模型设计步骤如下：

（1）建立逻辑模式

主要任务是将 E-R 模型转换为关系模型，根据数据表命名规范确定数据表标识，根据字段命名规则确定表字段的标识以及表字段的类型、长度、精度以及主外键等，形成逻辑数据库。关系模型的逻辑结构是一组关系模式集合，而 E-R 模型则是由实体、实体的属性和实体之间的关系三个要素组成的，所以将 E-R 模型转换为关系模型实际上就是将实体、实体的属性和实体之间的联系转换为关系模式。

（2）优化逻辑模式

对上一阶段建立的环评基础数据库的逻辑模式进行优化。具体包括确定数据依赖、消除冗余的联系、确定各关系模式分别属于第几范式、确定是否要对各关系模式进行合并或分解。

如无性能上的必须原因，应该使用关系数据库理论，以达到较高的范式，减少或避免数据冗余。但是如果在数据量上与性能上无特别要求，考虑到实现的方便性可以有适当的数据冗余，但一般要求达到数据库设计第三范式（3NF）标准。

（3）成果输出

逻辑模型设计阶段最终的成果是形成逻辑数据库，具体包括：实体表列表、实体属性字段表、实体之间的关系表。

5.6 物理设计

在特定的计算机硬件环境和选定的数据库管理系统下，把数据库的逻辑结构模型加以物理实现，确定数据库的物理结构，并对此进行评价和优化，最终形成物理数据库。物理设计的目标是数据库运行响应时间少、存储空间利用率高、事务吞吐率大。

（1）确定数据库的物理结构

由于物理结构依赖于给定的数据库管理系统和硬件系统，因此设计人员必须了解所用的数据库管理系统的内部特征，特别是存储结构和存取方法；了解应用环境，特别是应用的处理频率和响应时间要求；了解外存设备特性。

确定数据库的物理结构主要包括以下四个方面的内容：确定数据的存储结构、设计数据的存取路径、确定数据的存放位置、确定系统配置。在物理设计时对系统配置变量的调整只是初步的，在系统运行时还要根据系统实际运行情况进行调整，以期切实改进系统性能。

（2）评价物理结构

数据库物理设计过程中需要对时间效率、空间效率、维护代价和各种用户要求进行权衡，其结果可以产生多种方案，数据库设计人员必须对这些方案进行细致的评价，从中选择一个较优的方案作为数据库的物理结构。

评价物理数据库的方法完全依赖于所选用的数据库管理系统，主要是从定量估算各种方案的存储空间、存取时间和维护代价入手，对估算结果进行权衡、比较，选择出一个较优的合理的物理结构。如果该结构不符合用户需求，则需要修改设计。

可采用合理设置数据库主键、外键，减少数据查询和磁盘输入输出时间的方式，实现对环境影响评价基础数据库物理结构的优化设计，提高数据库的运行速度；也可采用对常用的查询字段建立索引的方式，提高数据查询效率。

（3）成果输出

在应用环境上建立的运行响应时间少、存储空间利用率高、事务吞吐率大的物理数据库。

5.7　加载测试

物理数据库建设完成后，根据需求分析收集的数据资源，选取部分典型数据录入加载到环评指标数据库中，对数据库字段的类型、长度、可否为空、主外键约束等的正确性与合理性进行测试，其后，编写简单的数据记录添加、修改、删除程序，对数据库的存取、更新、查询等的效率进行测试，最后，根据测试结果对数据库设计再进行修改。

5.8　数据字典

环评基础数据库设计完成后，应编写数据字典，作为数据库日常管理、更新维护、改造迁移的重要依据。

（1）数据字典组成

环评基础数据库数据字典由以下部分组成：数据字典管理信息、数据表信息、视图信息、存储过程信息、用户函数信息、用户定义数据类型信息和数据项（字段）信息等。

（2）数据字典内容

数据字典各项主要内容见表 5-1。

表 5-1　环评基础数据库数据字典内容说明

名称	内容
数据字典管理	编写人、编写日期、最后修改日期、状态、审核人、审核日期
数据表	数据表名称、中文名称、描述、监管机构、联系人、姓名、电话、E-mail、地址、邮编、最近更新日期、记录数、容量、触发器描述、索引描述、视图、视图名称、中文名称、描述、脚本、最近更新人、最近更新日期
存储过程	存储过程名称、中文名称、描述、脚本、输入参数描述、输出参数描述、最近更新人、最近更新日期
用户函数	用户函数名称、中文名称、描述、脚本、输入参数描述、输出参数描述、最近更新人、最近更新日期
用户自定义数据类型	自定义数据类型名称、中文名称、系统数据类型、描述、长度
字段	名称、中文名称、数据类型、描述、长度、精度、单位、取值范围、是否可以为空、是否为主键、是否为外键、外键表名称 . 字段、默认值、备注

第6章　环保法律法规数据库结构设计

6.1　概述

环保法律法规是指与环境保护、环评相关的法律法规、技术导则、产业政策和标准规范。环保法律法规数据库是环评基础数据库的建设内容之一，用于存储和管理环保法律法规、技术导则、产业政策和标准规范等，为环评、评估和环境管理等工作提供数据支撑。

设计环保法律法规数据库结构可以为环保法律法规数据库设计、开发、管理、维护和应用人员提供指导，规范环保法律法规数据的管理和应用，提升环评基础数据库的设计与建设水平。

环保法律法规数据库结构设计从现状调研与需求分析出发，在环评基础数据库结构设计体系下，设计环保法律法规数据库的概念结构、逻辑结构和物理结构，说明环保法律法规数据库的编码内容。

6.2　现状调研与需求分析

从数据资源现状和数据库系统现状两个方面开展调研与需求分析。

（1）数据资源现状调研与需求分析

调研环保法律法规数据库建设单位数据资源现状，了解该单位环保方面的法律法规、标准导则、产业政策和标准规范数据资源情况，包括数据采集、存储、管理和应用情况。

（2）数据库及管理系统现状与需求分析

调研环保法律法规数据库建设单位数据库及管理系统现状，了解该单位目前与之相关的业务开展情况，如数据获取方法、数据使用方法等，并分析总结用户对环保法律法规数据库的初步需求，如对法律法规的基本信息内容的需求，对法律法规及标准全文信息存储格式的需求，对法律法规及标准关联信息的需求，以及法律法规与业务关联信息的需求等。

6.3　数据库概念设计

根据现状调研与需求分析情况，分析环保法律法规数据库的主要内容，并据此设计环保法律法规数据库的概念结构。

6.3.1　数据内容与结构分析

通常情况下，环保法律法规数据库应包括以下内容。

（1）基本信息

法律法规基本信息包括标题、文号、颁布日期、法规层次、实施日期、颁布单位、时效性、备注、法律法规全文等信息；标准导则基本信息包括标题、标准号、标准状态、实施时期、发布时期、起草单位等信息。

（2）关联信息

包括法律法规、标准、产业政策内部以及其与外部项目间两类关联信息。法律法规内部关联信息主要是法律法规被修订、新法规对旧法规的废止等，在数据库中需保存新旧法律法规间的关系，此外，当标准被修订时，也需要记录相应信息；标准导则内部关联信息是标准的修改、替代、解释等与原标准导则间的关系；项目环评中有该环评所参考的法律法规、标准导则和产业政策信息，需要将项目与该项目所参照的法律法规、标准、导则和产业政策的关系建立关联，以备查询和使用。

（3）编码信息

编码信息为与法律法规、标准导则及产业政策库中某个信息相关字段的描述或限定信息，如针对法律法规的颁布单位、法律法规类别等，需要预先定义，以方便对法律法规信息的管理和维护。

6.3.2　实体—关系图

用实体—关系图来表示环保法律法规数据库的概念结构，图 6-1 所示为一种概要性的法律法规实体关系图。

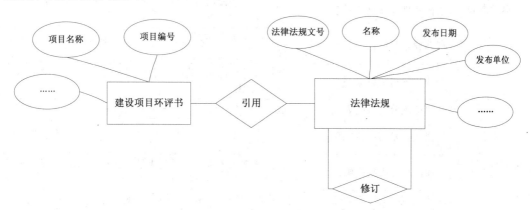

图 6-1　法律法规实体—关系图

6.4 数据库逻辑设计

6.4.1 数据库表设计

环保法律法规数据库包括三类数据库表：基本信息表、关联关系表和编码信息表。基本信息表是针对法律法规、标准和产业政策的基本信息描述，通常包括法律法规基本信息表、标准导则基本信息表、产业政策基本信息表、标准修改/解释单基本信息表以及这四类信息的全文数据库表。关联关系表是针对表间的关系的描述表，用来建立基本信息表间以及基本信息表与项目间的关系。数据编码是关于数据信息的集合，也就是对数据中包含的所有元素的定义的集合，通过数据字典表可以规范用户的输入，以便于信息的管理和维护，并为今后的扩展提供条件。

表 6-1　数据库表说明

数据表类型	数据表名称	说明
基本信息表	法律法规基本信息表	法律法规的基本信息，包括文号、名称、发布单位、时效性等
	标准导则基本信息表	标准导则的基本信息，包括标准号、标准名、发布单位、起草单位等信息
	标准修改/解释单信息表	针对标准的修改或解释信息，每个修改单或解释单对应一个标准或导则
	产业政策基本信息表	产业政策的基本信息，包括文号、发布日期、实施日期等
	法律法规、标准、产业政策全文信息表	以 Word 格式存储的全文信息，包括法律法规、标准导则和产业政策
关联信息表	法律法规修订关系表	法律法规、标准、产业政策修改、修订或是废止后，和新的法律法规、标准、产业政策间的关系
	标准导则修订关系表	新标准对老标准的修订关系
	产业政策修订关系表	新的产业政策对老的产业政策的修订关系
	法律法规与项目关系表	项目引用法律法规关系信息，一个项目可引用多个法律法规
	标准导则与项目关系表	项目引用标准导则关系信息，一个项目可引用多个标准导则
	产业政策与项目关系表	项目引用产业政策关系信息，一般来说一个项目会引用多个法律法规
编码信息表	法律法规分类编码表	法律法规分类编码，一般为三级编码
	法律法规发布单位编码表	发布单位字典表，一般为人民代表大会、国家部委、国务院等机构
	法律法规效力级别编码表	法律法规效力级别一般为宪法、法律、行政法规、部门规章等
	法律法规时效性编码表	是指法律法规当前时效性，如现行有效、失效、修正等
	法律法规修订类型编码表	修订、修正、废止等

数据表类型	数据表名称	说明
编码信息表	标准导则分类编码编码表	标准导则分类编码字典，一般分为三级
	标准导则当前状态编码表	如现行有效、已被修订、废止等
	标准导则修订类型编码表	如修订、废止、转行标等
	产业政策分类编码编码表	按分类标准进行分类，一般分为三级

6.4.2　数据表结构设计

6.4.2.1　基本信息表

表 6-2　基本信息表结构设计

序号	字段名称	字段类型	必填	主键	外键	外键表名称	说明
1.法律法规基本信息表							
1	文号	字符型	是	是			文号（唯一）
2	法规名称	字符型	是				法规名称或标题
3	法规分类	字符型	是		是	法律法规分类编码表	法规分类编码
4	效力级别	字符型	是		是	法律法规效力级别编码表	法规效力级别编码
5	发布单位	字符型	是		是	法律法规发布单位编码表	发布单位编码
6	发布日期	日期型	是				发布日期
7	实施日期	日期型	是				实施日期
8	时效性	字符型	是		是	法律法规时效性编码表	时效性编码
9	废止日期	日期型	否				废止日期
10	关键字	字符型	否				关键字列表
11	备注	字符型	否				备注
2.标准导则基本信息表							
1	标准号	字符型	是	是			标准号（唯一）
2	中文名	字符型	是				标准中文名
3	英文名	字符型	否				标准英文名
4	分类编码	字符型	是		是	标准导则分类编码表	标准分类编码
5	发布日期	日期型	是				发布日期
6	实施日期	日期型	是				实施日期
7	状态编码	字符型	是		是	标准导则状态编码表	状态编码
8	发布单位	字符型	是				发布单位名称
9	起草单位	字符型	是				起草单位名称
10	起草人	字符型	是				起草人
11	批准标准委员会	字符型	是				批准标准委员会
12	中国标准分类号	字符型	是				中国标准分类号

序号	字段名称	字段类型	必填	主键	外键	外键表名称	说明
13	国际标准分类号	字符型	否				国际标准分类号
14	关键字	字符型	否				关键字列表
15	备注	字符型	否				备注

3. 标准修改 / 解释单信息表

序号	字段名称	字段类型	必填	主键	外键	外键表名称	说明
1	函号	字符型	是	是			修改单或解释函号（唯一）
2	标准号	字符型	是				被修订或解释的标准号
3	名称	字符型	是				修改单名解释单名称
4	发布日期	日期型	是				发布日期
5	实施日期	日期型	是				实施日期
6	发布单位	字符型	是				发布单位名称
7	类型	字符型	是				类型（如：修订单或解释）
8	修改单全文	二进制	是				修改单全文信息（Word 格式）
9	备注	字符型	否				备注

4. 产业政策基本信息表

序号	字段名称	字段类型	必填	主键	外键	外键表名称	说明
1	文号	字符型	是	是			产业政策文号（唯一）
2	名称	字符型	是				产业政策名称或标题
3	分类	字符型	是			产业政策分类编码表	产业政策分类编码
4	发布日期	日期型	是				发布日期
5	废止日期	日期型	是				废止日期
6	发布单位	字符型	是				发布单位
7	发送单位	字符型	是				发送单位
8	关键字	字符型	是				关键字列表
9	备注	字符型	否				备注

5. 法律法规、标准及产业政策全文信息表

序号	字段名称	字段类型	必填	主键	外键	外键表名称	说明
1	文号	字符型	是	是			文号（唯一）
2	全文信息	二进制	是				全文信息，Word 格式

6.4.2.2　关联信息表

表 6-3　关联信息表结构设计

序号	字段名称	字段类型	必填	主键	外键	外键表名称	说明
1. 法律法规修订关系表							
1	新文号	字符型	是		是	法律法规基本信息表	新的修订后法律法规文号
2	老文号	字符型	是		是	法律法规基本信息表	老的被修订的法律法规文号
3	修订类型	字符型	是		是	法律法规修订类型编码表	修订类型
4	备注	字符型	否				备注
2. 标准导则修订关系表							
1	新标准号	字符型	是		是	标准导则基本信息表	新的修订标准号
2	老标准号	字符型	是		是	标准导则基本信息表	老的被修订的标准号
3	修订类型	字符型	是		是	标准导则修订类型编码表	修订类型
4	备注	字符型	否				备注
3. 产业政策修订关系表							
1	新文号	字符型	是		是	产业政策基本信息表	新的修订文号
2	老文号	字符型	是		是	产业政策基本信息表	老的被修订的文号
3	修订类型	字符型	是		是	法律法规修订类型编码表	修订类型（与法律法规修订类型相同）
4	备注	字符型	否				备注
4. 法律法规项目关系表							
1	项目编号	字符型	是		是	项目基本信息表	项目编号
2	法律文号	字符型	是		是	法律法规基本信息表	法律法规文号
3	备注	字符型	否		否		备注
5. 标准导则项目关系表							
1	项目编号	字符型	是		是	项目基本信息表	项目编号
2	标准号	字符型	是		是	标准导则基本信息表	标准号
3	备注	字符型	否		否		备注
6. 产业政策项目关系表							
1	项目编号	字符型	是		是	项目基本信息表	项目编号
2	文号	字符型	是		是	产业政策基本信息表	产业政策文号
3	备注	字符型	否		否		备注

6.4.2.3 编码信息表

表 6-4 编码信息表结构设计

序号	字段名称	字段类型	必填	主键	外键	外键表名称	说明
1.法律法规分类编码表							
1	法律法规分类编码	字符型	是	是			法律法规分类编码(唯一)
2	法律法规分类名称	字符型	是				法律法规分类名称
3	说明	字符型	否				法律法规分类说明
2.法律法规效力级别编码表							
1	法律法规效力级别编码	字符型	是	是			法律法规效力级别编码(唯一)
2	法律法规效力级别名称	字符型	是				法律法规效力级别名称
3	说明	字符型	否				法规类型说明
3.法律法规发布单位编码表							
1	法律法规发布单位编码	字符型	是	是			发布单位编码(唯一)
2	法律法规发布单位名称	字符型	是				发布单位名称
3	说明	字符型	否				发布单位说明
4.法律法规时效性编码表							
1	法律法规时效性编码	字符型	是	是			法规时效性编码(唯一)
2	法律法规时效性名称	字符型	是				法规时效性名称
3	说明	字符型	否				法规时效性说明
5.法律法规修订类型编码表							
1	法律法规修订类型编码	字符型	是		是		法规修订类型编码(唯一)
2	法律法规修订类型名称	字符型	是				法规修订类型名称
3	说明	字符型	否				法规修订类型说明
6.标准导则分类编码表							
1	标准导则分类编码	字符型	是	是			标准分类编码(唯一)
2	标准导则分类名称	字符型	是				标准分类名称
3	说明	字符型	否				标准分类说明
7.标准导则状态编码表							
1	标准导则状态编码	字符型	是	是			标准状态编码(唯一)
2	标准导则状态名称	字符型	是				标准状态名称
3	说明	字符型	否				标准状态说明
8.标准导则修订类型编码表							
1	标准导则修订类型编码	字符型	是	是			标准修订类型编码(唯一)

序号	字段名称	字段类型	必填	主键	外键	外键表名称	说明
2	标准导则修订类型名称	字符型	是				标准修订类型名称
3	说明	字符型	否				标准修订类型说明
9. 产业政策分类编码表							
1	产业政策分类编码	字符型	是	是			产业政策分类编码(唯一)
2	产业政策分类名称	字符型	是				产业政策分类名称
3	说明	字符型	否				产业政策分类说明

6.4.3　数据库表关系设计

在法律法规、标准及产业政策库内部，基本信息中的各表都是针对法律法规、标准、产业政策本身信息的描述，这些表以基本信息表为中心，通过文号进行关联。

在法律法规、标准及产业政策库外部，通过项目引用关系表与项目库中的建设项目进行关联，具体通过法规文号、标准号等与项目编码关联。

6.5　数据库物理设计

环保法律法规数据库表以普通关系表的方式存储于数据库软件（如 Oracle、SQL 等）中，可在独立的用户和表空间中管理，或是在整个环评基础数据库的用户名和表空间上统一管理。

数据库的物理设计主要是为逻辑数据模型选择适合应用环境的物理结构，即存储结构与存取方法。物理设计的原则是高效性和安全性，针对不同的数据库，可以从优化操作系统、磁盘布局优化和配置、数据库初始化参数的选择、设置和管理内存、设置和管理 CPU、设置和管理表空间、设置和管理回滚段、设置和管理联机重做日志、设置和管理归档重做日志、设置和管理控制文件等几个方面来提高数据库的运行效率。

6.6　数据库编码设计

6.6.1　法律法规分类编码

法律法规采用四级分类，六位数字编码。其中一级分类主要是分了区分法律法规、标准导则及产业政策，采用一位数字编码；二级分类是通过颁布单位的级别（国家、地方）来划分，采用两位数字编码，国家级采用 01，各省、自治区、直辖市及新疆生产建设兵团法律法规分类编码采用行政区划编码的前两位；三级分类根据法律法规的效力等级来划分，采用一位数字编码；四级分类根据三级分类中包含的内容不同，采用了不同的划分方式，但主要分类方式是按行业大类别，如工业类、生态类、规划类，另外也采用了环保业务分类方式，如环保上经常见到的大气、水、噪声、固废等分类方式。另外，为了编码位数相同，如果分类级别不足四级，后面用零补齐。具体编码见表 6-5。

表 6-5 法律法规分类编码

一级分类		二级分类		三级分类		四级分类	
类别编码	类别名称	类别编码	类别名称	类别编码	类别名称	类别编码	类别名称
1	法律法规	101	国家级	1011	环境保护法律		
				1012	环评相关法律		
				1013	行政法规及文件	101310	行政法规
						101320	综合类文件
						101321	工业类文件
						101322	生态类文件
						101323	规划类文件
						101324	节能减排类文件
				1014	部门规章及文件	101410	部门规章
						101420	综合类文件
						101421	环境管理及审批类文件
						101422	资质管理类文件
						101423	竣工环保验收类文件
						101424	咨询收费类文件
						101425	大气类文件
						101426	水类文件
						101427	噪声类文件
						101428	固废类文件
						101429	辐射、放射类文件
						101430	规划类文件
						101431	生态类文件
						101432	技术政策文件
		111	北京市	1113	地方性法规及文件	111310	行政法规
						111321	综合类文件
						111322	工业类文件
						111323	生态类文件
						111324	规划类文件
						111325	节能减排类文件

一级分类		二级分类		三级分类		四级分类	
类别编码	类别名称	类别编码	类别名称	类别编码	类别名称	类别编码	类别名称
1	法律法规	111	北京市	1114	地方政府规章及文件	111410	地方政府规章
						111420	综合类文件
						111421	环境管理及审批类文件
						111422	资质管理类文件
						111423	竣工环保验收类文件
						111424	咨询收费类文件
						111425	大气类文件
						111426	水类文件
						111427	噪声类文件
						111428	固废类文件
						111429	辐射、放射类文件
						111430	规划类文件
						111431	生态类文件
						111432	技术政策文件
		其他各省、自治区、直辖市及新疆生产建设兵团法律法规分类编码参照北京市，其中第二类编码统一采用行政区划编码的前两位					

6.6.2 法律法规效力级别编码

表 6-6 法律法规效力级别编码

编码	名称	说明
10	法律	国家法律
20	行政法规	国家级的行政法规
30	部门规章	国务院颁布的规章制度
40	地方性法规	地方政府的法规
41	地方政府规章	地方政府的规章

6.6.3 法律法规发布单位编码

采用三级分类，四位数字编码。其中一级主要区分国家、地方；二级、三级分类是在一级分类的基础上对有权颁布法律法规的单位进行细分。另外，为了编码位数相同，如果分类级别不足三级，后面用零补齐。具体编码见表 6-7。

表 6-7　法律法规发布单位编码

一级分类		二级分类		三级分类（扩展）	
类别编码	类别名称	类别编码	类别名称	类别编码	类别名称
10	国家	101	全国人民代表大会		
		102	全国人大常委会		
		103	国务院		
		104	最高人民法院		
		105	最高人民检察院		
		106	国务院各机构	10610	国务院办公厅
				10620	环保部（国家环保总局）
				10621	卫生部（国家食品药品监督管理局）
				10622	水利部
				10623	农业部
				10624	林业部
				10625	交通部
				10626	建设部
				10627	国土部
				10628	发改委（国家能源局）
				10629	商务部
11	北京市	111	人大常委会		
		112	人民政府		

其他各省、自治区、直辖市及新疆生产建设兵团法律法规分类编码参照北京市，其中第一类编码统一采用行政区划编码的前两位

6.6.4　法律法规时效性编码

表 6-8　法律法规时效性编码

编码	名称	说明
10	现行有效	目前有效
20	已失效	已无效
30	已被修订	被新的法律法规修订
40	已被修正	有部分修正

6.6.5　法律法规修订类型编码

表 6-9　法律法规修订类型编码

编码	名称	说明
10	修订	新的修订老的
20	修正	有修正通知或通告
30	废止	新的废止老的

6.6.6　标准导则分类编码

标准采用四级分类，七位数字编码。其中，一级分类主要是分了区分法律法规、标准导则及产业政策，采用一位数字编码；二级分类是通过颁布单位的级别（国家标准、行业标准、地方标准）来划分，采用两位数字编码，国家标准采用 01，行业标准采用 02，各省、自治区、直辖市及新疆生产建设兵团法律法规分类编码采用行政区划编码的前两位；三级分类采用环保业务分类方式，也就是常见的大气、水、噪声、固废等分类方式；四级分类主要是在三级分类的基础上，主要采用了质量标准、排放标准、相关规范方法的划分原则进行分类。另外，为了编码位数相同，如果分类级别不足四级，后面用零补齐。具体编码见表 6-10。

表 6-10　标准导则分类编码

一级分类		二级分类		三级分类		四级分类	
类别编码	类别名称	类别编码	类别名称	类别编码	类别名称	类别编码	类别名称
2	标准	201	国家标准导则	20110	导则		
				20120	环境基础标准		
				20121	水环境标准	2012110	水环境质量标准
						2012111	水污染物排放标准
						2012112	相关检测规范、方法标准
				20122	大气环境标准	2012210	大气环境质量标准
				20122	大气环境标准	2012211	大气固定源污染物排放标准
						2012212	相关检测规范、方法标准
				20123	环境噪声标准	2012310	声环境质量标准
						2012311	环境噪声排放标准
						2012312	环境噪声监测标准
						2012313	环境噪声基础标准
				20124	固体废物与化学品标准	2012410	固体废物污染控制标准

一级分类		二级分类		三级分类		四级分类	
类别编码	类别名称	类别编码	类别名称	类别编码	类别名称	类别编码	类别名称
2	标准	201	国家标准导则	20124	固体废物与化学品标准	2012411	危险废物鉴别标准
						2012412	固废其他标准
				20125	土壤环境标准	2012510	土壤环境质量标准
						2012511	土壤相关标准
				20126	放射性与电磁辐射环境标准	2012610	电磁辐射标准
						2012611	放射性环境标准
						2012612	相关监测方法标准
				20127	生态环境保护标准		
				20128	移动源排放标准	2012810	机动船舶排放标准
						2012811	汽车污染排放标准
						2012812	摩托车排放标准
						2012813	农用车排放标准
						2012814	相关标准
				20129	振动标准		
				20130	其他环境保护标准	2013010	建设项目监督管理标准
						2013011	清洁生产标准
						2013012	环境标志产品标准
						2013013	环境工程技术规范
						2013014	环保产品标准
						2013015	循环经济生态工业标准
						2013016	其他环境标准
		202	行业标准导则	20210	导则		
				20220	环境基础标准		
				20221	水环境标准	2022110	水环境质量标准
						2022111	水污染物排放标准
						2022112	相关检测规范、方法标准
				20222	大气环境标准	2022210	大气环境质量标准
						2022211	大气固定源污染物排放标准
						2022212	相关检测规范、方法标准

一级分类		二级分类		三级分类		四级分类	
类别编码	类别名称	类别编码	类别名称	类别编码	类别名称	类别编码	类别名称
2	标准	202	行业标准导则	20223	环境噪声标准	2022310	声环境质量标准
						2022311	环境噪声排放标准
						2022312	环境噪声监测标准
						2022313	环境噪声基础标准
				20224	固体废物与化学品标准	2022410	固体废物污染控制标准
						2022411	危险废物鉴别标准
						2022412	固废其他标准
				20225	土壤环境标准	2022510	土壤环境质量标准
						2022511	土壤相关标准
				20226	放射性与电磁辐射环境标准	2022610	电磁辐射标准
						2022611	放射性环境标准
						2022612	相关监测方法标准
				20227	生态环境保护标准		
				20228	移动源排放标准	2022810	机动船舶排放标准
						2022811	汽车污染排放标准
						2022812	摩托车排放标准
						2022813	农用车排放标准
						2022814	相关标准
				20229	振动标准		
				20230	其他环境保护标准	2023010	建设项目监督管理标准
						2023011	清洁生产标准
						2023012	环境标志产品标准
						2023013	环境工程技术规范
						2023014	环保产品标准
						2023015	循环经济生态工业标准
						2023016	其他环境标准
		211	北京市	21110	导则		
				21120	环境基础标准		
				21121	水环境标准	2112110	水环境质量标准
						2112111	水污染物排放标准
						2112112	相关检测规范、方法标准

一级分类		二级分类		三级分类		四级分类	
类别编码	类别名称	类别编码	类别名称	类别编码	类别名称	类别编码	类别名称
2	标准	211	北京市	21122	大气环境标准	2112210	大气环境质量标准
						2112211	大气固定源污染物排放标准
						2112212	相关检测规范、方法标准
				21123	环境噪声标准	2112310	声环境质量标准
						2112311	环境噪声排放标准
						2112312	环境噪声监测标准
						2112313	环境噪声基础标准
				21124	固体废物与化学品标准	2112410	固体废物污染控制标准
						2112411	危险废物鉴别标准
						2112412	固废其他标准
				21125	土壤环境标准	2112510	土壤环境质量标准
						2112511	土壤相关标准
				21126	放射性与电磁辐射环境标准	2112610	电磁辐射标准
						2112611	放射性环境标准
						2112612	相关监测方法标准
				21127	生态环境保护标准		
				21128	移动源排放标准	2112810	机动船舶排放标准
						2112811	汽车污染排放标准
						2112812	摩托车排放标准
						2112813	农用车排放标准
						2112814	相关标准
				21129	振动标准		
				211302	其他环境保护标准	2113010	建设项目监督管理标准
						2113011	清洁生产标准
						2113012	环境标志产品标准
						2113013	环境工程技术规范
						2113014	环保产品标准
				211302	其他环境保护标准	2113015	循环经济生态工业标准
						2113016	其他环境标准
		其他各省、自治区、直辖市及新疆生产建设兵团标准分类编码参照北京市，其中第二类编码统一采用行政区划编码的前两位					

6.6.7　标准导则状态编码

表 6-11　标准导则状态编码

编码	名称	说明
10	现行	目前正在实行，有效
20	作废	已无效，可能是已不适用
30	被代替	被新的标准代替
40	废止转行标	国标转行标
50	即将实施	即将实施

6.6.8　标准导则修订类型编码

表 6-12　标准导则修订类型编码

编码	名称	说明
10	修订	新的标准修订老的标准
20	废止	因不适用被废止
30	转行标	由国家标准转为行业标准

6.6.9　产业政策分类编码

产业政策采用两级分类，3 位数字编码。其中一级分类主要是分了区分法律法规、标准导则及产业政策；二级分类是通过颁布单位的级别（国家、地方）来划分，采用两位数字编码，国家级采用 01，各省、自治区、直辖市及新疆生产建设兵团法律法规分类编码采用行政区划编码的前两位。另外，为了编码位数相同，如果分类级别不足两级，后面用零补齐。具体编码见表 6-13。

表 6-13　产业政策分类编码

一级分类		二级分类	
类别编码	类别名称	类别编码	类别名称
3	产业政策	301	国家产业标准
		311	北京市
		其他各省、自治区、直辖市及新疆生产建设兵团标准分类编码参照北京市，其中第二类编码统一采用行政区划编码的前两位	

第 7 章　环境敏感区空间数据库结构设计

7.1　概述

环境敏感区是指依法设立的各级各类自然、文化保护地，以及对建设项目的某类污染因子或者生态影响因子特别敏感的区域，主要包括特殊保护区、生态敏感与脆弱区和社会关注区，其中特殊保护区包括饮用水水源保护区、自然保护区、风景名胜区、生态功能保护区、基本农田保护区、水土流失重点防治区、国家森林公园、国家地质公园、国家重点文物保护单位和历史文化保护地等，生态敏感与脆弱区包括沙尘暴源区、荒漠中的绿洲、严重缺水区、天然林和红树林以及重要湿地等，社会关注区包括人口密集区、文教区和党政机关集中区以及科教文卫保护地等。环境敏感区空间数据库是环评基础数据库的建设内容之一，是存储关于特殊保护区、生态敏感脆弱区和社会关注区等环境敏感区域专题要素空间分布图层数据的数据库。

设计环境敏感区空间数据库结构可以为环境敏感区空间数据库设计、开发、管理、维护和应用人员提供指导，规范环境敏感区空间数据的管理和应用，提升环评基础数据库的设计与建设水平。

环境敏感区空间数据库结构设计要明确环境敏感区空间数据库空间数据格式转换规则、环境敏感区数据空间基准、环境敏感区数据专题图层属性表结构、专题图层元数据表结构、专题图层渲染信息表结构。

7.2　空间数据格式转换规则

环境敏感区空间数据因来源不同、生成软件工具不同等，会导致环境敏感区空间数据具有不同格式，为了方便对环境敏感区空间数据进行规范化建库和管理，首选须将涉及的环境敏感区空间数据格式进行转换统一。一般可以转换为 ESRI Shape File 或 geodatabase（ACCESS mdb）格式，具体转换方法可参阅相关技术资料。如果转换为 ESRI Shape File 格式，最后生成的数据文件包括 6 个文件实体，分别是 china-admi.dbf、china-admi.prj、china-admi.sbn、china-admi.sbx、china-admi.shp 和 china-admi.shx。

7.3　环境敏感区数据库空间基准

　　环境敏感区数据是一种带有空间信息的数据。空间数据在空间数据管理软件上进行浏览、查询、可视化、空间分析等操作需要一定的空间基准，即如何将地球上的三维空间实体转换到二维的平面坐标体系之中。其中空间基准主要包括地理坐标、投影坐标等。

　　（1）地理坐标

　　空间数据的地理坐标是为了在地理椭球坐标内使地球上的现象或实体真实反映其间的相互位置关系而进行的一种数学转换。环境敏感区空间数据库中的地理坐标分为两种：一是全国范围内的中小比例尺数据采用 WGS 1984；二是大比例数据采用西安 80 坐标系或国家大地坐标系 2000（CGCS2000）。凡是与这两种地理坐标不同的数据，均需按照数学公式转换成这两种地理坐标中的一种。

　　（2）投影坐标

　　空间数据的投影坐标是为了在二维平面坐标内再现地球上的实体而实施的一种将地球空间位置仿射到平面坐标的一种数学转换方式。由于投影坐标种类繁多，环境敏感区空间数据库统一采用以下两种：一是全国范围内的中小比例尺数据采用等积圆锥投影（Albers）；二是大比例尺数据采用高斯格吕 3° 或 6° 分带投影坐标系。凡是与这两种投影坐标不同的数据，均需按照数学公式转换成这两种投影坐标中的一种。

7.4　环境敏感区数据属性表结构设计

7.4.1　特殊保护区数据表结构设计

表 7-1　饮用水水源保护区数据表结构

序号	字段名称	字段类型	必填	主键	外键	外键表名称	说明
1	保护区编号	字符型	是	是			
2	保护区名称	字符型	是				
3	县级行政编码	字符型	是				参照全国行政区划代码表
4	县级行政名称	字符型	是				
5	保护级别	字符型	是				一级保护区；二级保护区；准保护区
6	地理位置描述	字符型	是				
7	最小经度	数字型	否				
8	最大经度	数字型	否				
9	最小纬度	数字型	否				
10	最大纬度	数字型	否				
11	面积	数字型	是				单位：平方千米

序号	字段名称	字段类型	必填	主键	外键	外键表名称	说明
12	流域	字符型	是				大流域
13	水系	字符型	是				干流
14	河流（湖、库）	字符型	是				支流
15	批准部门	字符型	是				
16	批准时间	日期型	是				YYYY-MM-DD
17	主管部门	字符型	是				
18	管理单位	字符型	是				
19	备注	字符型	否				备注

表 7-2 自然保护区数据表结构

序号	字段名称	字段类型	必填	主键	外键	外键表名称	说明
1	保护区编号	字符型	是	是			
2	保护区名称	字符型	是				
3	县级行政编码	字符型	是				参照全国行政区划代码表
4	县级行政名称	字符型	是				参照全国行政区划代码表
5	地理位置描述	字符型	是				
6	最小经度	数字型	否				
7	最大经度	数字型	否				
8	最小纬度	数字型	否				
9	最大纬度	数字型	否				
10	中心经度	数字型	是				
11	中心纬度	数字型	是				
12	保护区面积	数字型	否				单位：平方千米
13	核心区面积	数字型	否				单位：平方千米
14	缓冲区面积	数字型	否				单位：平方千米
15	试验区面积	数字型	否				单位：平方千米
16	保护区级别	字符型	是				三级制
17	保护区类型	字符型	是				九类
18	保护区规模	字符型	是				四类
19	保护对象	字符型	是				
20	始建时间	日期型	是				YYYY-MM-DD
21	主管部门	字符型	是				
22	管理单位	字符型	否				保护区运行管理单位
23	备注	字符型	否				备注

注：保护区级别：1—国家级、2—省（自治区、直辖市）级、3—市县（自治县、旗、县级市）级；保护区类型：1—森林生态系统类型、2—荒漠生态系统类型、3—海洋和海岸生态系统类型、4—野生植物类型、5—草原与草甸生态系统类型、6—内陆湿地和水域生态系统类型、7—野生动物类型、8—地质遗迹类型、9—古生物遗迹类型；保护区规模：1—特大型自然保护区＞10 000 平方千米、2—大型自然保护区 1 000～10 000 平方千米、3—中型自然保护区 10～100 平方千米、4—小型自然保护区＜10 平方千米。

表 7-3　风景名胜区数据表结构

序号	字段名称	字段类型	必填	主键	外键	外键表名称	说明
1	风景名胜区编号	字符型	是	是			
2	风景名胜区名称	字符型	是				
3	县级行政编码	字符型	是				参照全国行政区划代码表
4	县级行政名称	字符型	是				参照全国行政区划代码表
5	地理位置描述	字符型	是				
6	最小经度	数字型	否				
7	最大经度	数字型	否				
8	最小纬度	数字型	否				
9	最大纬度	数字型	否				
10	中心经度	数字型	是				
11	中心纬度	数字型	是				
12	面积	数字型	否				单位：平方千米
13	级别	字符型	是				国家级；省级
14	性质	字符型	否				描述相关各种类别、等级特征
15	旅游资源情况	字符型	否				
16	游客容量	数字型	否				单位：万人次／天
17	批准批次	字符型	是				
18	批准时间	日期型	是				YYYY-MM-DD
19	主管部门	字符型	是				
20	管理单位	字符型	否				
21	备注	字符型	否				备注

表 7-4　生态功能保护区数据表结构

序号	字段名称	字段类型	必填	主键	外键	外键表名称	说明
1	功能区编号	字符型	是	是			
2	功能区名称	字符型	是				
3	功能区类型	字符型	是				
4	备注	字符型	否				备注

表 7-5　基本农田保护区数据表结构

序号	字段名称	字段类型	必填	主键	外键	外键表名称	说明
1	保护区编号	字符型	是	是			
2	保护区名称	字符型	是				
3	地理位置描述	字符型	是				
4	最小经度	数字型	否				
5	最大经度	数字型	否				
6	最小纬度	数字型	否				

序号	字段名称	字段类型	必填	主键	外键	外键表名称	说明
7	最大纬度	数字型	否				
8	面积	数字型	是				单位：平方千米
9	保护级别	字符型	是				三级制
10	种植类型	字符型	否				
11	批准部门	字符型	是				
12	批准时间	日期型	是				YYYY-MM-DD
13	主管部门	字符型	是				
14	管理单位	字符型	是				
15	备注	字符型	否				备注

注：保护级别：1—国家级、2—省（自治区、直辖市）级、3—市县（自治县、旗、县级市）级；种植类型：1—水稻、2—大豆、3—玉米、4—高粱、5—小麦、6—大麦、7—棉花、8—马铃薯、9—花生、10—油菜、11—甘薯、12—蔬菜、13—其他。

表 7-6　水土流失重点防治区数据表结构

序号	字段名称	字段类型	必填	主键	外键	外键表名称	说明
1	防治区编号	字符型	是	是			
2	防治区名称	字符型	是				
3	涉及县编码	字符型	是				
4	涉及县名称	字符型	是				
5	保护类型	字符型	是				三种
6	发布日期	日期型	是				YYYY-MM-DD
7	主管部门	字符型	是				
8	备注	字符型	是				备注

注：保护类型：1—国家重点预防保护区、2—国家级重点监督区、3—国家级重点治理区。

表 7-7　森林公园数据表结构

序号	字段名称	字段类型	必填	主键	外键	外键表名称	说明
1	森林公园编号	字符型	是	是			
2	森林公园名称	字符型	是				
3	县级行政编码	字符型	是				参照全国行政区划代码表
4	县级行政名称	字符型	是				参照全国行政区划代码表
5	地理位置描述	字符型	是				
6	最小经度	数字型	否				
7	最大经度	数字型	否				
8	最小纬度	数字型	否				
9	最大纬度	数字型	否				
10	中心经度	数字型	是				
11	中心纬度	数字型	是				
12	面积	数字型	是				单位：平方千米

序号	字段名称	字段类型	必填	主键	外键	外键表名称	说明
13	级别	字符型	是				三级制
14	森林覆盖率	数字型	否				单位：百分比
15	风景质量评价	字符型	否				五级制
16	开发利用评价	字符型	否				五级制
17	批准时间	日期型	是				YYYY-MM-DD
18	主管部门	字符型	是				
19	管理单位	字符型	是				
20	备注	字符型	否				备注

注：级别：1—国家级、2—省（自治区、直辖市）级、3—市县（自治县、旗、县级市）级；风景质量评价：1—优秀、2—良好、3—中等、4—合格、5—不合格；开发利用评价：1—轻度、2—中度、3—强度、4—极强、5—剧烈。

表 7-8 地质公园数据表结构

序号	字段名称	字段类型	必填	主键	外键	外键表名称	说明
1	地质公园编号	字符型	是	是			
2	地质公园名称	字符型	是				
3	地理位置描述	字符型	是				
4	县级行政编码	字符型	是				参照全国行政区划代码表
5	县级行政名称	字符型	是				参照全国行政区划代码表
6	最小经度	数字型	否				
7	最大经度	数字型	否				
8	最小纬度	数字型	否				
9	最大纬度	数字型	否				
10	中心经度	数字型	是				
11	中心纬度	数字型	是				
12	公园面积	数字型	是				单位：平方千米
13	主要地质遗迹面积	数字型	否				
14	级别	字符型	是				三级制
15	主要地质特征地质遗迹保护对象	字符型	是				
16	主要人文景观	字符型	否				
17	公布批次	字符型	是				
18	备注	字符型	否				备注

注：级别：1—国家级、2—省（自治区、直辖市）级、3—市县（自治县、旗、县级市）级。

表 7-9　中国世界遗产地数据表结构

序号	字段名称	字段类型	必填	主键	外键	外键表名称	说明
1	世界遗产地编号	数字型	是	是			
2	世界遗产地名称	字符型	是				
3	县级行政编码	字符型	是				参照全国行政区划代码表
4	县级行政名称	字符型	是				参照全国行政区划代码表
5	地理位置描述	字符型	是				
6	最小经度	数字型	否				
7	最大经度	数字型	否				
8	最小纬度	数字型	否				
9	最大纬度	数字型	否				
10	中心经度	数字型	是				
11	中心纬度	数字型	是				
12	面积	数字型	否				单位：平方千米
13	遗产类型	字符型	是				
14	自然属性	字符型	否				
15	人文属性	字符型	否				
16	开发利用程度	字符型	否				
17	批准时间	日期型	是				YYYY-MM-DD
18	管理单位	字符型	否				
19	备注	字符型	否				备注

注：遗产类型：1—文化遗产、2—自然遗产、3—文化与自然遗产；利用程度：1—轻度、2—中度、3—强度、4—极强、5—剧烈。

表 7-10　国家重点文物保护单位数据表结构

序号	字段名称	字段类型	必填	主键	外键	外键表名称	说明
1	保护单位编号	字符型	是	是			
2	保护单位名称	字符型	是				
3	县级行政编码	字符型	是				参照全国行政区划代码表
4	县级行政名称	字符型	是				参照全国行政区划代码表
5	地理位置描述	字符型	是				
6	面积	数字型	否				单位：平方千米
7	文物类别	字符型	是				
8	保护级别	字符型	是				三级制
9	保护情况	字符型	否				五级制
10	代表时代	字符型	是				
11	批准批次	字符型	是				
12	批准时间	日期型	是				YYYY-MM-DD
13	主管部门	字符型	是				
14	管理单位	字符型	否				

序号	字段名称	字段类型	必填	主键	外键	外键表名称	说明
15	备注	字符型	否				备注

注：保护级别：1—国家级、2—省（自治区、直辖市）级、3—市县（自治县、旗、县级市）级；保护情况：1—优秀、2—良好、3—中等、4—合格、5—不合格。

表 7-11　历史文化保护地数据表结构

序号	字段名称	字段类型	必填	主键	外键	外键表名称	说明
1	保护地编号	字符型	是	是			
2	保护地名称	字符型	是				
3	县级行政编码	字符型	是				参照全国行政区划代码表
4	县级行政名称	字符型	是				参照全国行政区划代码表
5	地理位置描述	字符型	是				
6	中心经度	数字型	是				
7	中心纬度	数字型	是				
8	面积	数字型	否				单位：平方千米
9	批准批次	字符型	是				
10	类型	字符型	是				国家标准
11	保护情况	字符型	否				五级制
12	批准时间	日期型	是				YYYY-MM-DD
13	管理单位	字符型	否				
14	备注	字符型	否				备注

注：保护情况：1—优秀、2—良好、3—中等、4—合格、5—不合格。

7.4.2　生态敏感与脆弱区数据表结构设计

表 7-12　沙尘暴源区分布数据表结构

序号	字段名称	字段类型	必填	主键	外键	外键表名称	说明
1	沙漠源区编号	字符型	是	是			
2	沙漠源区名称	字符型	是				
3	沙漠源区类型编码	字符型	是				
4	备注	字符型	否				备注

注：类型编码：61—沙漠、沙；62—戈壁。

表 7-13   沙漠中的绿洲分布数据表结构

序号	字段名称	字段类型	必填	主键	外键	外键表名称	说明
1	绿洲编号	字符型	是	是			
2	绿洲名称	字符型	是				
3	绿洲类型编码	字符型	是				
4	备注	字符型	否				备注

注：类型编码：1a—轻度_沙丘活化或流沙入侵；1b—轻度_灌丛沙漠化；1c—轻度_砾石沙漠化；1d—轻度_风蚀劣地化；1e—轻度_旱地农田耕地沙漠化；2a—中度_沙丘活化或流沙入侵；2b—中度_灌丛沙漠化；2c—中度_砾石沙漠化；2d—中度_风蚀劣地化；2e—中度_旱地农田耕地沙漠化；3a—重度_沙丘活化或流沙入侵；3b—重度_灌丛沙漠化；3c—重度_砾石沙漠化；3d—重度_风蚀劣地化；3e—重度_旱地农田耕地沙漠化；4a-严重_沙丘活化或流沙入侵；4b—严重_灌丛沙漠化；4c—严重_砾石沙漠化；4d—严重_风蚀劣地化；4e—严重_旱地农田耕地沙漠化；61-沙漠、沙地；62-戈壁；63—水土流失；64—盐碱地；65—干河床；66—池沼、水渍地、湿地；67—山地、裸岩；68—甸子地。

表 7-14   严重缺水区分布数据表结构

序号	字段名称	字段类型	必填	主键	外键	外键表名称	说明
1	干湿带编号	字符型	是	是			
2	干湿带名称	字符型	是				
3	干湿带类型编码	字符型	是				
4	备注	字符型	否				备注

注：干湿带类型编码：3—半干旱区、4—干旱区。

表 7-15   天然林、热带雨林和红树林分布数据表结构

序号	字段名称	字段类型	必填	主键	外键	外键表名称	说明
1	天然林/热带雨林/红树林编号	字符型	是	是			
2	天然林/热带雨林/红树林名称	字符型	是				
3	一级分类编码	字符型	是				
4	二级分类编码	字符型	否				
5	三级分类编码	字符型	否				
6	四级分类编码	字符型	否				
7	备注	字符型	否				备注

表 7-16   重要湿地分布数据表结构

序号	字段名称	字段类型	必填	主键	外键	外键表名称	说明
1	湿地编号	字符型	是	是			
2	湿地名称	字符型	是				
3	湿地类型	字符型	是				
4	湿地亚类类型	字符型	否				
5	湿地面积	数字型	否				单位：平方千米

序号	字段名称	字段类型	必填	主键	外键	外键表名称	说明
6	调查年份	日期型	否				
7	备注	字符型	否				备注

　　珍稀动植物栖息地、珊瑚礁、珍稀动植物栖息地和珊瑚礁数据表结构同"自然保护区"。

7.4.3　社会关注区数据表结构设计

表 7-17　人口密集区分布数据表结构

序号	字段名称	字段类型	必填	主键	外键	外键表名称	说明
1	人口密集区编号	字符型	是	是			
2	人口密集区名称	字符型	是				
3	县级行政编码	字符型	是				参照全国行政区划代码表
4	县级行政名称	字符型	是				参照全国行政区划代码表
5	总人口量	数字型	是				
6	备注	字符型	否				备注

表 7-18　社会公共服务机构分布数据表结构

序号	字段名称	字段类型	必填	主键	外键	外键表名称	说明
1	公服机构编号	字符型	是	是			
2	公服机构名称	字符型	是				
3	县级行政编码	字符型	是				参照全国行政区划代码表
4	县级行政名称	字符型	是				参照全国行政区划代码表
5	文教区	字符型	否				
6	党政机关	字符型	否				
7	疗养地	字符型	否				
8	医院	字符型	否				
9	备注	字符型	否				备注

表 7-19　科教文化民史保护分布数据表结构

序号	字段名称	字段类型	必填	主键	外键	外键表名称	说明
1	保护区编号	字符型	是	是			
2	保护区名称	字符型	是				
3	县级行政编码	字符型	是				参照全国行政区划代码表
4	县级行政名称	字符型	是				参照全国行政区划代码表
5	科教保护区	字符型	否				
6	文化保护区	字符型	否				
7	民族保护区	字符型	否				
8	历史保护区	字符型	否				
9	备注	字符型	否				备注

7.5 专题图层元数据表结构设计

环境敏感区空间数据库的元数据是指用于描述各专题图层基本信息的数据，包括专题图名称、关键词、描述信息、空间范围、时间范围、比例尺、投影信息、数据来源、数据联系人信息等，专题图层元数据表结构设计如表 7-20 所示。元数据记录和专题图层数据是一一对应关系，在进行空间数据入库时应同时录入其元数据。

表 7-20 环境敏感区专题图层元数据表结构

序号	字段名称	字段类型	必填	主键	外键	外键表名称	说明
1	图层数据编号	字符型	是	是			
2	图层中文名称	字符型	是				
3	图层英文名称	字符型	是				
4	关键词	字符型	是				
5	数据描述	字符型	是				
6	空间范围	字符型	是				
7	时间范围	字符型	是				
8	比例尺	字符型	是				
9	投影参数信息	字符型	是				
10	专题图层类型	数字型	是				
11	数据提供单位	字符型	是			生产单位	
12	数据联系人姓名	字符型	是				
13	数据联系人电话	字符型	是				
14	数据联系人电子邮件地址	字符型	是				
15	备注	字符型	是				备注

注：专题图层类型：1—特殊保护区、2—生态脆弱与敏感区、3—社会关注区。

7.6 专题图层渲染信息表结构设计

表 7-21 专题图层渲染信息表结构

序号	字段名称	字段类型	必填	主键	外键	外键表名称	说明
1	图层数据编号	字符型	是	是			
2	图层类型	字符型	是				
3	点符号类型	字符型	否				
4	点符号颜色	字符型	否				
5	点符号大小	数字型	否				
6	线符号类型	字符型	否				

序号	字段名称	字段类型	必填	主键	外键	外键表名称	说明
7	线符号颜色	字符型	否				
8	线符号宽度	数字型	否				
9	多变形符号类型	字符型	否				
10	多变形填充颜色	字符型	否				
11	多变形线颜色	字符型	否				
12	多变形线宽度	数字型	否				
13	注记字段	字符型	否				
14	注记字体	字符型	否				
15	注记颜色	字符型	否				
16	备注	字符型	否				备注

注：图层类型：1—点、2—线、3—面。

第8章 环境影响报告书数据库结构设计

8.1 概述

环境影响报告书数据库是环评基础数据库的建设内容之一，用于存储和管理环境影响报告、建设项目竣工环境保护验收调查报告和监测报告、规划环评报告等报告书全文数据，为环评、评估和环境管理等工作提供数据支撑。

设计环境影响报告书数据库结构可以为环境影响报告书数据库设计、开发、管理、维护和应用人员提供指导，规范环境影响报告数据的管理和应用，提升环评基础数据库的设计与建设水平。

环境影响报告书数据库结构设计从现状调研与需求分析出发，在环评基础数据库结构设计体系下，设计环境影响报告书数据库的概念结构、逻辑结构和物理结构，说明环境影响报告书数据库的编码内容。

8.2 现状调研与需求分析

从数据资源现状和数据库系统现状两个方面开展调研与需求分析。

（1）*数据资源现状调研与需求分析*

调研环境影响报告书数据库建设单位数据资源现状，重点了解该单位环境影响报告、建设项目竣工环境保护验收调查报告和监测报告、规划环评报告的数据资源情况，包括数据量、数据格式、数据介质、数据管理和应用情况。

（2）*数据库及管理系统现状与需求分析*

调研环境影响报告书数据库建设单位数据库及管理系统现状，了解该单位目前与之相关的业务开展情况，如数据获取方法、数据使用方法、与其他数据的关联等，并分析总结用户对环境影响报告书数据库的初步需求，如对环境影响报告书的基本信息内容的需求，对环境影响报告书全文信息存储格式的需求，对环境影响报告书关联信息的需求等。

8.3 数据库概念设计

8.3.1 数据内容与结构分析

8.3.1.1 基本信息

环境影响报告书数据库的数据内容主要是每一份报告书的基本描述信息、报告书的全文信息及其附件材料信息，具体内容如下：

（1）报告书基本描述信息：报告书编号、报告书标题、报告书类型代码、报告书编制单位、报告书编制时间、报告书评估时间、项目名称、项目编号、行业类别代码、项目建设单位、项目所在行政区代码等信息。

（2）报告书全文内容信息，包括报告书文件名称、报告书文件、报告书文件路径等。

（3）报告书相关的附件材料信息，包括报告书本身附带的图形、表格、图像以及报告书产生过程中的中间过程文件和专家对本报告书的评审意见信息等。

8.3.1.2 关联信息

关联信息是指为了实现报告书的关联查询而设置的辅助信息，主要包括环境影响报告书数据库内部关联信息和环境影响报告书数据库与其他数据库的关联信息。

8.3.1.3 编码信息

编码信息是对具有明确取值范围的字段值域进行描述的信息，如报告书类型（建设项目环评报告书、规划环评报告书、验收调查报告书）、行业类别（火电、轨道交通、区域规划）等。该类信息需要预先定义，并可进行动态的更新维护，以便报告书信息录入与管理时使用。

8.3.2 数据库实体—关系图

用实体—关系图来表示环境影响报告书数据库的概念结构，图 8-1 所示为一种概要性的环境影响报告书实体—关系图。

8.4 数据库逻辑设计

8.4.1 数据库表设计

根据前面对环境影响报告书数据库的概念设计，进一步设计出环境影响报告书数据库的逻辑结构。根据环评基础数据库结构设计，环境影响报告书数据库的逻辑结构用关系模式表示，主要由表 8-1 中的几个表格来体现。

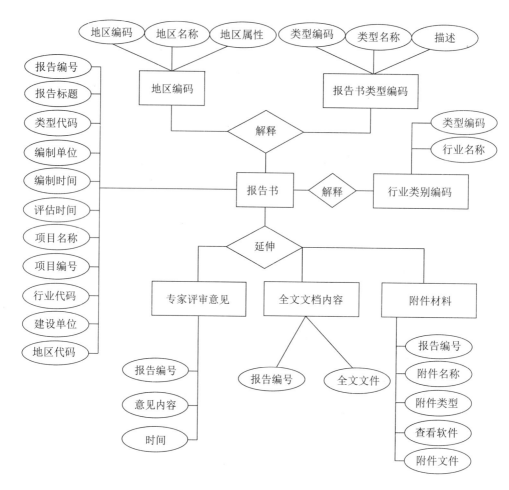

图 8-1　环境影响报告书实体—关系图

表 8-1　数据库表设计

数据表类型	数据表名称	说明
基本信息表	报告书基本信息表	用以详细描述报告书的相关信息
	报告书全文内容表	用以存储报告书的电子文档全文
	报告书附件材料表	用以记录每份报告书相关的附件材料
	报告书专家评审意见表	用以记录本报告书的专家评审意见
关联信息表	报告书与法律法规关系表	关联信息表
编码信息表	报告书类型编码表	记录报告书类型编码信息
	行业类别编码表	记录报告书行业编码信息
	行政区划编码表	公用表，记录地区编码和名称

8.4.2　数据表结构设计

8.4.2.1　基本信息表

表 8-2　基本信息表结构

序号	字段名称	字段类型	必填	主键	外键	外键表名称	说明
1. 报告书基本信息表							
1	报告书编号	字符型	是	是			
2	报告书标题	字符型	是				
3	报告书类型	字符型	是		是	报告书类型编码表	
4	行业类别	字符型	是		是	行业类别编码表	
5	建设单位	字符型	是				
6	环评单位	字符型	是				
7	报告书编制时间	日期型	是				
8	评估时间	日期型	是				
9	审批时间	日期型	是				
10	项目编号	字符型	是				
11	所在行政区代码	字符型	是		是	行政区划编码表	
12	备注	字符型	否				备注
2. 报告书全文内容表							
1	报告书编号	字符型	是	是	是	报告书基本信息表	
2	报告书文件名称	字符型	是				实际报告书文件的名称
3	报告书文件	二进制	否				将整个报告书文件以大对象存放到数据库
4	报告书文件路径	字符型	否				报告书在服务器上的存放路径
5	备注	字符型	否				备注
3. 报告书附件材料表							
1	附件材料编号	字符型	是	是			
2	所属报告书编号	字符型	是		是	报告书基本信息表	
3	附件名称	字符型	否				
4	查看软件名称	字符型	否				推荐查看软件
5	附件文件	二进制	否				将整个附件文件以大对象存放到数据库
6	附件文件路径	字符型	否				附件文件在服务器上的存放路径
7	备注	字符型	否				备注
4. 报告书专家评审意见表							
1	专家评审意见编号	字符型	是	是			
2	所属报告书编号	字符型	是		是	报告书基本信息表	

序号	字段名称	字段类型	必填	主键	外键	外键表名称	说明
3	评审意见扫描件	二进制	否				将整个专家评审意见文件以大对象存放到数据库
4	评审意见文件路径	字符型	否				专家评审意见文件在服务器上的存放路径
5	评审意见	字符型	否				直接填写报告书专家评审意见
6	评审日期	日期型	否				报告书评审日期
7	备注	字符型	否				备注

8.4.2.2　关联信息表

表 8-3　报告书与法律法规关系表结构

序号	字段名称	字段类型	必填	主键	外键	外键表名称	说明
1	报告书编号	字符型	是	是	是	报告书基本信息表	
2	法律文号	字符型	是		是	法律法规基本信息表	
3	备注	字符型	否				

8.4.2.3　编码信息表

表 8-4　编码信息表结构

序号	字段名称	字段类型	必填	主键	外键	外键表名称	说明
1. 报告书类型编码表							
1	报告书类型编码	字符型	是	是			
2	报告书类型名称	字符型	是				
3	说明	字符型	否				
2. 行业类别编码表							
1	建设项目行业类别编码	字符型	是	是			
2	行业类别名称	字符型	是				
3	说明	字符型	否				
3. 行政区划编码表							
1	行政区编码	字符型	是	是			根据国家行政区代码
2	行政区名称	字符型	是				
3	说明	字符型	否				

8.4.3　数据库表关系设计

报告书全文数据库的关联是以报告书编号作为唯一标识连接各个表，同时通过建设项目编号与环评指标库记录进行关联，通过法律文号与法律法规库进行关联。

8.5　数据库物理设计

环境影响报告书数据库表以普通关系表的方式存储于数据库软件（如 Oracle、SQL 等）中，可在独立的用户和表空间中管理，或是在整个环评基础数据库的用户名和表空间上统一管理。

数据库的物理设计主要是为逻辑数据模型选择适合应用环境的物理结构，即存储结构与存取方法。物理设计的原则是高效性和安全性，针对不同的数据库，可以从优化操作系统、磁盘布局优化和配置、数据库初始化参数的选择、设置和管理内存、设置和管理 CPU、设置和管理表空间、设置和管理回滚段、设置和管理联机重做日志、设置和管理归档重做日志、设置和管理控制文件等几个方面来提高数据库的运行效率。

8.6　数据库编码设计

8.6.1　报告书类型编码

表 8-5　报告书类型编码

编码	名称	说明
01	环境影响报告书	
02	建设项目竣工环境保护验收调查报告	
03	建设项目竣工环境保护验收监测报告	
04	规划环评报告书	

8.6.2　行业类别编码

见《国民经济行业分类与代码》（GB/T 4754—2002）。

8.6.3　行政区编码

参照全国行政区域代码表。

第9章 火电环评指标数据库结构设计

9.1 概述

近年来火电建设项目日益增多，随之产生了大量的火电行业建设项目环境影响报告书，而这些报告书大多以非结构化的文本形式存在，其中蕴含了许多能为项目环评、技术评估等提供有用支撑的重要信息难以管理和利用，环评基础数据资料的潜在价值难以充分发挥。

火电行业建设项目环评指标体系反映了火电行业建设项目环境影响报告书中的重要信息项，依据该指标体系设计、建设火电环评指标数据库，并从大量火电行业项目环境影响报告书中抽取关键信息入库，不仅可以提高环评基础数据的规范化存储和管理水平，而且可以为相关环境管理决策提供数据支持，促进环评基础数据的充分利用。

火电环评指标数据库结构设计从现状调研与需求分析出发，依据火电行业建设项目环评指标体系，在环评基础数据库结构设计体系下，设计火电环评指标数据库的概念结构、逻辑结构和物理结构，说明火电环评指标数据库的编码内容，指导火电环评指标数据库的设计与构建。

9.2 现状调研与需求分析

从数据资源现状和数据库系统现状两个方面开展调研与需求分析。

（1）数据资源现状调研与需求分析

调研火电环评指标数据库建设单位数据资源现状，重点了解该单位的环评指标数据资源情况，包括火电环境影响报告书、火电环评指标数据表等的管理和应用情况。环评基础数据库需按照火电行业建设项目环评指标体系来设计结构，所以还需要重点调研分析该指标体系的结构和内容，通常情况下该指标体系应包括项目概况与规模、工艺特征、评价等级、环境现状、总量指标、防治措施、评价结论等7个方面的内容。

（2）数据库及管理系统现状与需求分析

调研火电环评指标数据库建设单位数据库及管理系统现状，了解该单位目前与之相关的业务开展情况，如数据获取方法、数据使用方法、与其他数据的关联等。

分析总结用户对火电环评指标数据库的初步需求。例如：通过环评指标数据库了解建设项目基本信息，包括项目本身的投资、占地面积、性质等；掌握项目对环境影响情况，包括环境污染物总量、排放，采取环保措施及其效果情况等；统计分析区域建设项目分布情况，包括基于行政区划、经济区划等对建设项目进行统计分析等；用户自己能够录入环评指标数据等。

9.3　数据库概念设计

9.3.1　数据内容与结构分析

9.3.1.1　基本信息

火电环评指标数据库基本信息主要为火电环评指标数据，而火电环评指标数据是依据火电行业建设项目环评指标体系（图 9-1）确定的，一般应包括 7 个方面的内容：项目概况与规模、工艺特征、评价等级、环境现状、总量指标、防治措施、评价结论。

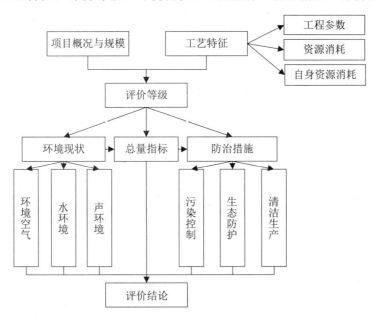

图 9-1　火电行业建设项目环评指标体系结构

9.3.1.2　关联信息

关联信息是指为了实现火电环评指标数据的关联查询而设置的辅助信息，主要包括火电环评指标数据库内部关联信息和火电环评指标数据库与其他数据库的关联信息。

9.3.1.3　编码信息

编码信息是对具有明确取值范围的字段值域进行描述的信息，如建设项目性质（新建、扩建、改建）、电厂类型（发电厂、热电厂）、冷却方式（水冷、空冷、水氢冷等）等。

该类信息需要预先定义,并可进行动态的更新维护,以便环评指标信息录入与管理时使用。

9.3.2　实体—关系图

用实体—关系图来表示火电环评指标数据库的概念结构,图 9-2 为一种可采用的实体—关系图,主要概念实体包括建设项目、设备工艺、资源、环境、环保措施和评估结构等,各实体的属性分别如图 9-3 至图 9-8 所示。

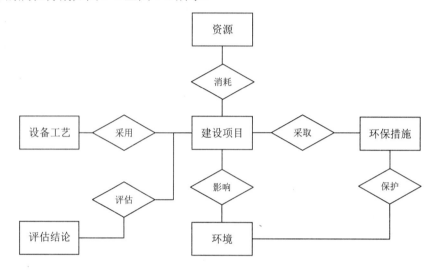

图 9-2　火电行业建设项目环评指标实体—关系图

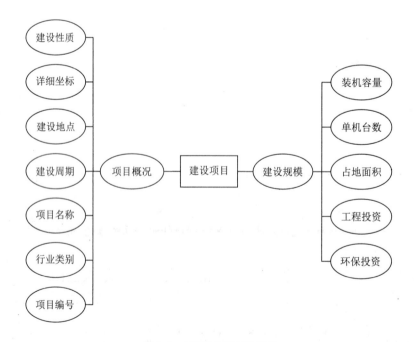

图 9-3　建设项目实体属性

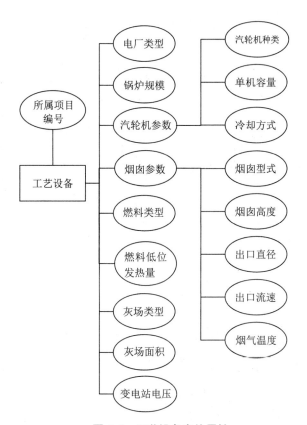

图9-4 工艺设备实体属性

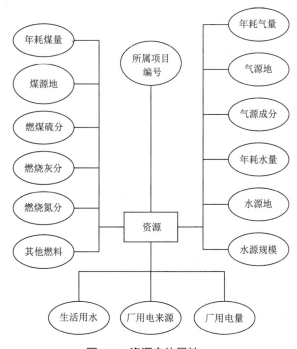

图9-5 资源实体属性

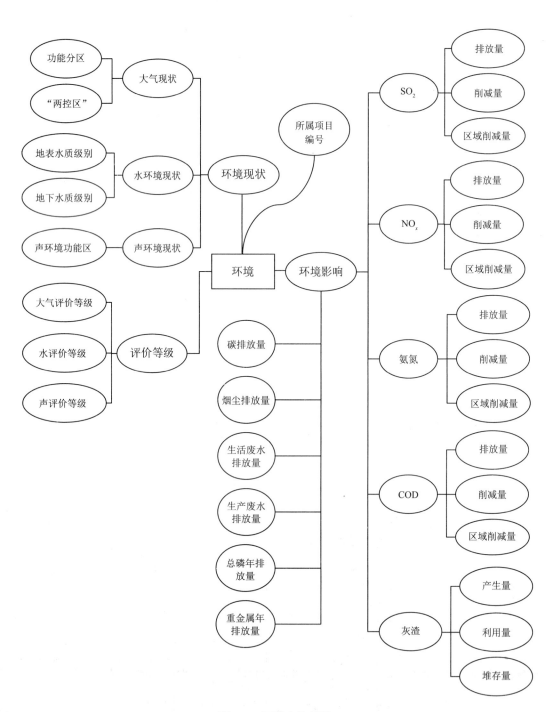

图 9-6 环境实体属性

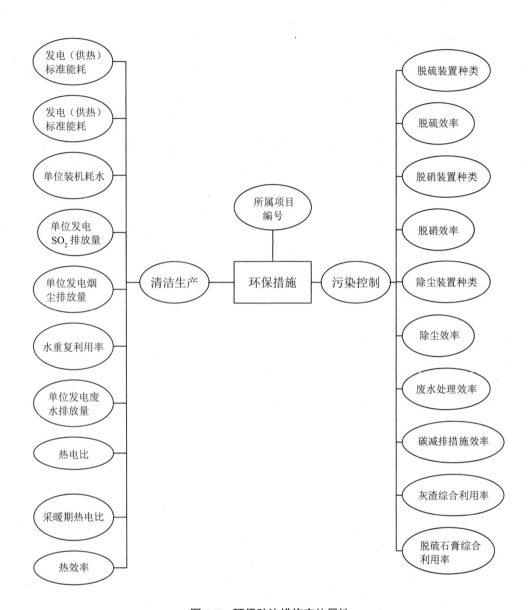

图 9-7　环保防治措施实体属性

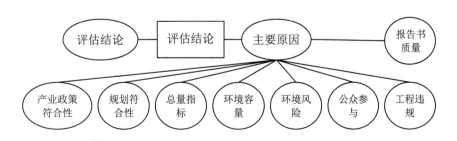

图 9-8　评估结论实体属性

9.4 数据库逻辑设计

9.4.1 数据库表设计

根据前面对火电环评指标数据库的概念设计，进一步设计出火电环评指标数据库的逻辑结构。根据环评基础数据库结构设计，火电环评指标数据库的逻辑结构用关系模式表示，主要由表 9-1 中的表格来体现。

表 9-1　火电环评指标数据库表结构

数据表类型	数据表名称	说明
基本信息表	项目概况与规模指标表	记录项目概况与规模指标信息的表
	项目工艺参数指标表	记录项目工艺参数指标信息的表
	资源消耗指标表	记录资源消耗指标信息的表
	煤源信息表	记录煤源信息的表
	气源信息表	记录气源信息的表
	水源信息表	记录水源信息的表
	其他燃料信息表	记录其他燃料信息的表
	评价等级与环境现状指标表	记录评价等级与环境现状指标信息的表
	环境总量控制指标表	记录环境总量控制指标信息的表
	环境污染防治措施指标表	记录环境污染防治措施指标信息的表
	清洁生产指标表	记录清洁生产指标信息的表
	评估结论表	记录评估结论信息的表
关联信息表	环评指标主题分类表	记录环评指标主题分类信息的表
	环评指标专题分类表	记录环评指标专题分类信息的表
	环评指标结构表	记录环评指标结构信息的表
	指标编辑修改日志表	记录指标编辑修改日志信息的表
	历史指标表	记录历史指标信息的表
编码信息表	行政区划编码表	记录行政区划编码信息的表
	建设项目性质编码表	记录建设项目性质编码信息的表
	电厂类型编码表	记录电厂类型编码信息的表
	汽轮机种类分类方式编码表	记录汽轮机种类分类方式编码信息的表
	汽轮机种类编码表	记录汽轮机种类编码信息的表
	冷却方式编码表	记录冷却方式编码信息的表
	烟囱型式编码表	记录烟囱型式编码信息的表
	燃料类型编码表	记录燃料类型编码信息的表
	灰场类型编码表	记录灰场类型编码信息的表
	厂用电来源类型编码表	记录厂用电来源类型编码信息的表
	大气评价等级编码表	记录大气评价等级编码信息的表
	水环境评价等级编码表	记录水环境评价等级编码信息的表

数据表类型	数据表名称	说明
编码信息表	噪声评价等级编码表	记录噪声评价等级编码信息的表
	大气功能区级别编码表	记录大气功能区级别编码信息的表
	"两控区"状态编码表	记录"两控区"状态编码信息的表
	地表水水质级别编码表	记录地表水水质级别编码信息的表
	地下水水质级别编码表	记录地下水水质级别编码信息的表
	声环境功能区级别编码表	记录声环境功能区级别编码信息的表
	脱硫装置种类编码表	记录脱硫装置种类编码信息的表
	脱硝装置种类编码表	记录脱硝装置种类编码信息的表
	除尘装置种类编码表	记录除尘装置种类编码信息的表
	评估结论编码表	记录评估结论编码信息的表
	工程违规情况编码表	记录工程违规情况编码信息的表
	报告书质量编码表	记录报告书质量编码信息的表
	行业类别编码表	记录行业类别编码信息的表
	指标结构类型编码表	记录指标结构类型编码信息的表

9.4.2　数据表结构设计

9.4.2.1　基本信息表

表 9-2　基本信息表结构

序号	字段名称	字段类型	必填	主键	外键	外键表名称	说明
1.项目概况与规模指标表							
1	指标记录编号	字符型	是	是			系统自动产生的流水号，同一建设项目各表指标记录编号应保持一致
2	建设项目编号	字符型	是	是			
3	建设项目名称	字符型	是				
4	项目开始施工日期	日期型	是				
5	项目施工结束日期	日期型	是				
6	行政区代码	字符型	是		是	行政区划编码表	到县级行政区划
7	建设项目拐点坐标	二进制	是				以 XML 保存的建设项目拐点坐标对，其形式为：X0,Y0,X1,Y1,…X0,Y0
8	建设项目性质	字符型	是		是	建设项目性质编码表	
9	装机容量	数字型	是				单位：兆瓦
10	单机台数	数字型	是				单位：台
11	工程投资	数字型	是				单位：万元
12	环保投资	数字型	是				单位：万元

序号	字段名称	字段类型	必填	主键	外键	外键表名称	说明
13	占地面积	数字型	否				单位：平方千米
14	变更情况	布尔型	是				变更申请时，为了避免重复统计同一个建设项目的指标信息，将原有的指标信息保存到历史表中，建立与历史表中指标的关联关系
15	备注	字符型	否				备注

2. 项目工艺参数指标表

序号	字段名称	字段类型	必填	主键	外键	外键表名称	说明
1	指标记录编号	字符型	是	是	是	项目概况与规模指标表	
2	电厂类型	字符型	是		是	电厂类型编码表	
3	锅炉台数	数字型	是				
4	单台锅炉蒸发量	数字型	是				单位：吨/时
5	汽轮机种类	字符型	是		是	汽轮机种类编码表	
6	汽轮机单机容量	数字型	是				单位：兆瓦
7	冷却方式	字符型	否		是	冷却方式编码表	
8	烟囱型式	字符型	否		是	烟囱型式编码表	
9	烟囱高度	数字型	是				单位：米
10	烟气出口直径	数字型	是				单位：米
11	烟气出口速率	数字型	是				单位：米/秒
12	烟气出口温度	数字型	是				单位：摄氏度
13	燃料类型	字符型	是		是	燃料类型编码表	
14	燃料低位发热量	数字型	是				单位：千焦/千克
15	灰场类型	字符型	否		是	灰场类型编码表	
16	灰场面积	数字型	否				条件必选：当灰场类型为灰库时可以不填写该字段；单位：平方千米
17	变电站电压	数字型	否				单位：千伏
18	备注	字符型	否				备注

3. 资源消耗指标表

序号	字段名称	字段类型	必填	主键	外键	外键表名称	说明
1	指标记录编号	字符型	是	是	是	项目概况与规模指标表	
2	年总耗煤量	数字型	否				条件必选，如果是燃煤，则该字段为必选；单位：万吨

序号	字段名称	字段类型	必填	主键	外键	外键表名称	说明
3	其他燃料消耗量	数字型	否				
4	年总耗气量	数字型	否				条件必选，如果是燃气，则该字段为必选；单位：万立方米
5	年总耗水量	数字型	是				单位：万立方米
6	生活用水量	数字型	否				单位：立方米
7	厂用电来源	字符型	否		是	厂用电来源类型编码表	
8	厂用电量	数字型	否				单位：千瓦时
9	备注	字符型	否				备注
4. 煤源信息表							
1	耗煤记录编号	字符型	是	是			系统自动产生
2	指标记录编号	字符型	是		是	项目概况与规模指标表	
3	煤源地	字符型	是				
4	煤源地规模	数字型	否				煤源地的年生产能力；单位：万吨
5	年供煤量	数字型	是				煤源地为本项目提供的煤量；单位：万吨
6	燃煤硫分	数字型	是				单位：百分比
7	燃煤灰分	数字型	是				单位：百分比
8	燃煤氮分	数字型	是				单位：百分比
9	备注	字符型	否				备注
5. 气源信息表							
1	燃气记录编号	字符型	是	是			系统自动产生
2	指标记录编号	字符型	是		是	项目概况与规模指标表	
3	气源地	字符型	是				
4	气源地规模	数字型	否				单位：万立方米
5	气源成分	字符型	否				
6	年供气量	数字型	是				为本项目提供的气量
7	备注	字符型	否				备注
6. 水源信息表							
1	水源消耗记录编号	字符型	是	是			系统自动产生
2	指标记录编号	字符型	是		是	项目概况与规模指标表	
3	取水水源地	字符型	是				
4	水源地规模	数字型	否				单位：万立方米
5	年耗水量	数字型	是				单位：万立方米

序号	字段名称	字段类型	必填	主键	外键	外键表名称	说明
6	备注	字符型	否				备注

7. 其他燃料信息表

序号	字段名称	字段类型	必填	主键	外键	外键表名称	说明
1	其他燃料消耗记录编号	字符型	是	是			系统自动产生
2	指标记录编号	字符型	是		是	项目概况与规模指标表	
3	燃料名称	字符型	是				
4	燃料来源地	字符型	是				
5	其他燃料消耗量	数字型	是				单位：万立方米
6	备注	字符型	否				备注

8. 评价等级与环境现状指标表

序号	字段名称	字段类型	必填	主键	外键	外键表名称	说明
1	指标记录编号	字符型	是	是	是	项目概况与规模指标表	
2	大气评价等级	字符型	是		是	大气评价等级编码表	
3	水环境评价等级	字符型	是		是	水环境评价等级编码表	
4	噪声评价等级	字符型	是		是	噪声评价等级编码表	
5	大气环境功能区级别	字符型	是		是	大气功能区级别编码表	
6	"两控区"	字符型	是		是	"两控区"状态编码表	
7	地表水水质级别	字符型	是		是	地表水水质级别编码表	
8	地下水水质级别	字符型	否		是	地下水水质级别编码表	
9	声环境功能区	字符型	是		是	声环境功能区级别编码表	
10	生态功能类型	字符型	是				
11	备注	字符型	否				备注

9. 环境总量控制指标表

序号	字段名称	字段类型	必填	主键	外键	外键表名称	说明
1	指标记录编号	字符型	是	是	是	项目概况与规模指标表	
2	SO_2 年排放量	数字型	是				单位：吨/年
3	SO_2 削减量	数字型	是				单位：吨/年
4	SO_2 区域削减量	数字型	是				单位：吨/年
5	NO_x 年排放量	数字型	是				单位：吨/年
6	NO_x 削减量	数字型	是				单位：吨/年
7	NO_x 区域削减量	数字型	是				单位：吨/年
8	碳排放量	数字型	否				单位：吨/年

序号	字段名称	字段类型	必填	主键	外键	外键表名称	说明
9	烟尘年排放量	数字型	是				单位：吨／年
10	重金属排放量	数字型	否				单位：吨／年
11	生活废水排放量	数字型	是				单位：吨／年
12	氨氮年排放量	数字型	是				单位：吨／年
13	COD 年排放量	数字型	是				单位：吨／年
14	COD 削减量	数字型	是				单位：吨／年
15	COD 区域削减量	数字型	是				单位：吨／年
16	总磷年排放量	数字型	是				单位：吨／年
17	灰渣产生量	数字型	是				单位：吨／年
18	灰渣堆存量	数字型	是				单位：吨／年
19	灰渣综合利用量	数字型	是				单位：吨／年
20	备注	字符型	否				备注

10. 环境污染防治措施指标表

序号	字段名称	字段类型	必填	主键	外键	外键表名称	说明
1	指标记录编号	字符型	是	是	是	项目概况与规模指标表	
2	脱硫装置种类	字符型	是		是	脱硫装置种类编码表	
3	脱硫效率	数字型	是				单位：百分比
4	脱硝装置种类	字符型	是		是	脱硝装置种类编码表	
5	脱硝效率	数字型	是				单位：百分比
6	除尘装置种类	字符型	是		是	除尘装置种类编码表	
7	除尘效率	数字型	是				单位：百分比
8	废水处理效率	数字型	否				单位：百分比
9	碳减排措施效率	数字型	是				单位：百分比
10	灰渣综合利用率	数字型	否				单位：百分比
11	脱硫石膏综合利用率	数字型	是				单位：百分比
12	备注	字符型	否				备注

11. 清洁生产指标表

序号	字段名称	字段类型	必填	主键	外键	外键表名称	说明
1	指标记录编号	字符型	是	是	是	项目概况与规模指标表	
2	发电（供热）标准能耗	数字型	是				单位：克／千瓦时
3	单位装机耗水	数字型	是				单位：立方米／兆瓦时
4	单位发电量 SO_2 排放量	数字型	是				单位：克／千瓦时
5	单位发电量 NO_x 排放量	数字型	是				单位：克／千瓦时

序号	字段名称	字段类型	必填	主键	外键	外键表名称	说明
6	单位发电量烟尘排放量	数字型	是				单位：克／千瓦时
7	水重复利用率	数字型	是				单位：百分比
8	单位发电量废水排放量	数字型	否				单位：吨／千瓦时
9	中水利用率	数字型	否				单位：百分比
10	热电比	数字型	否				单位：百分比
11	采暖期热电比	数字型	否				单位：百分比
12	热效率	数字型	否				单位：百分比
13	备注	字符型	否				备注
12. 评估结论表							
1	指标记录编号	字符型	是	是	是	项目概况与规模指标表	
2	评估结论	字符型	是		是	评估结论表	
3	产业政策符合性	字符型	是				固定值，1 表示符合，0 表示不符合
4	规划符合性	字符型	是				固定值，1 表示符合，0 表示不符合
5	总量指标符合性	字符型	是				固定值，1 表示符合，0 表示不符合
6	环境容量满足性	字符型	是				固定值，1 表示满足，0 表示不满足
7	环境风险可控性	字符型	是				固定值，1 表示可控，0 表示不可控
8	公众参与支持度	数字型	是				单位：百分比
9	工程违规情况	字符型	否			工程违规情况编码表	有违规现象时必选
10	报告书质量	字符型	是			报告书质量编码表	
11	备注	字符型	否				备注

9.4.2.2 关联信息表

表 9-3 关联信息表结构

序号	字段名称	字段类型	必填	主键	外键	外键表名称	说明
1. 环评指标主题分类表							
1	指标主题层编号	字符型	是	是			
2	指标主题层名称	字符型	是				
3	所属行业类别代码	字符型	是		是	行业类别编码表	
4	备注	字符型	否				备注

序号	字段名称	字段类型	必填	主键	外键	外键表名称	说明
2. 环评指标专题分类表							
1	指标专题层编号	字符型	是	是			
2	指标专题层名称	字符型	是				
3	所属主题编号	字符型	是		是	环评指标主题分类表	
4	备注	字符型	否				备注
3. 环评指标结构表							
1	指标编号	字符型	是	是			
2	指标名称	字符型	是				
3	所属专题编号	字符型	是		是	环评指标专题分类表	
4	字段类型	字符型	是		是	指标结构类型编码表	
5	字段长度	数字型	是				
6	是否可为空	字符型	是				固定值，1 表示是，0 表示否
7	是否为主键	字符型	是				固定值，1 表示是，0 表示否
8	是否为外键	字符型	是				固定值，1 表示是，0 表示否
9	外键表与字段名	字符型	否				
10	缺省值	字符型	否				
11	值域列表	字符型	否				不同值之间用逗号隔开
12	值域表	字符型	否				对于字典表的表名
13	字段值单位	字符型	否				
14	创建者	字符型	是				创建指标的用户登录名
15	创建时间	日期型	是				
16	备注	字符型	否				备注
4. 指标编辑修改日志表							
1	编辑修改序号	字符型	是	是			系统自动产生的序列号
2	指标记录编号	字符型	是		是	项目概况与规模指标表	
3	建设项目编号	字符型	是				
4	编辑修改者登录号	字符型	是				以评估系统中的用户登录号为准
5	最新更新时间	日期型	是				格式：YYYY:MM:DD:HH:MM:SS

序号	字段名称	字段类型	必填	主键	外键	外键表名称	说明
6	操作类型	字符型	是				01：表示新建； 02：表示修改； 03：表示变更； 04：表示删除
7	备注	字符型	否				备注

5. 历史指标关系表

序号	字段名称	字段类型	必填	主键	外键	外键表名称	说明
1	指标记录编号	字符型	是	是	是	项目概况与规模指标表	
2	建设项目编号	字符型	是		是		
3	环评指标内容	二进制	是				以 XML 格式保存所有火电环评指标数据
4	变更后的指标记录编号	字符型	是		是	项目概况与规模指标表	
5	备注	字符型	否				备注

9.4.2.3 编码信息表

表 9-4 编码信息表结构

序号	字段名称	字段类型	必填	主键	外键	外键表名称	说明
1. 行政区划编码表							
1	行政区代码	字符型	是	是			根据国家行政区代码
2	行政区名称	字符型	是				
3	说明	字符型	否				
2. 建设项目性质编码表							
1	建设项目性质编码	字符型	是	是			
2	建设项目性质名称	字符型	是				
3	说明	字符型	否				
3. 电厂类型编码表							
1	电厂类型编码	字符型	是	是			
2	电厂类型名称	字符型	是				
3	说明	字符型	否				
4. 汽轮机种类分类方式编码表							
1	汽轮机分类方式编码	字符型	是	是			
2	汽轮机分类方式名称	字符型	是				
3	说明	字符型	否				
5. 汽轮机种类编码表							
1	汽轮机种类编码	字符型	是	是			
2	汽轮机分类方式编码	字符型	是		是	汽轮机种类分类方式编码表	

序号	字段名称	字段类型	必填	主键	外键	外键表名称	说明
3	汽轮机种类名称	字符型	是				
4	说明	字符型	否				
6. 冷却方式编码表							
1	冷却方式编码	字符型	是	是			
2	冷却方式名称	字符型	是				
3	说明	字符型	否				
7. 烟囱型式编码表							
1	烟囱型式编码	字符型	是	是			
2	烟囱型式名称	字符型	是				
3	说明	字符型	否				
8. 燃料类型编码表							
1	燃料类型编码	字符型	是	是			
2	燃料类型名称	字符型	是				
3	说明	字符型	否				
9. 灰场类型编码表							
1	灰场类型编码	字符型	是	是			
2	灰场类型名称	字符型	是				
3	说明	字符型	否				
10. 厂用电来源类型编码表							
1	厂用电来源类型编码	字符型	是	是			
2	厂用电来源名称	字符型	是				
3	说明	字符型	否				
11. 大气评价等级编码表							
1	大气评价等级编码	字符型	是	是			
2	大气评价等级名称	字符型	是				
3	说明	字符型	否				
12. 水环境评价等级编码表							
1	水环境评价等级编码	字符型	是	是			
2	水环境评价等级名称	字符型	是				
3	说明	字符型	否				
13. 噪声评价等级编码表							
1	噪声评价等级编码	字符型	是	是			
2	噪声评价等级名称	字符型	是				
3	说明	字符型	否				
14. 大气功能区级别编码表							
1	大气环境功能区级别编码	字符型	是	是			
2	大气环境功能区级别名称	字符型	是				

序号	字段名称	字段类型	必填	主键	外键	外键表名称	说明
3	说明	字符型	否				
15. "两控区"状态编码表							
1	"两控区"状态编码	字符型	是	是			
2	"两控区"状态名称	字符型	是				
3	说明	字符型	否				
16. 地表水水质级别编码表							
1	地表水水质级别编码	字符型	是	是			
2	地表水水质级别名称	字符型	是				
3	说明	字符型	否				
17. 地下水水质级别编码表							
1	地下水水质级别编码	字符型	是	是			
2	地下水水质级别名称	字符型	是				
3	说明	字符型	否				
18. 声环境功能区级别编码表							
1	声环境功能区类别编码	字符型	是	是			
2	声环境功能区类别名称	字符型	是				
3	说明	字符型	否				
19. 脱硫装置种类编码表							
1	脱硫装置种类编码	字符型	是	是			
2	脱硫装置种类名称	字符型	是				
3	说明	字符型	否				
20. 脱硝装置种类编码表							
1	脱硝装置种类编码	字符型	是	是			
2	脱硝装置种类名称	字符型	是				
3	说明	字符型	否				
21. 除尘装置种类编码表							
1	除尘装置种类编码	字符型	是	是			
2	除尘装置种类名称	字符型	是				
3	说明	字符型	否				
22. 评估结论编码表							
1	评估结论编码	字符型	是	是			
2	评估结论名称	字符型	是				
3	说明	字符型	否				
23. 工程违规情况编码表							
1	工程违规情况编码	字符型	是	是			
2	工程违规情况名称	字符型	是				
3	说明	字符型	否				

序号	字段名称	字段类型	必填	主键	外键	外键表名称	说明
24. 报告书质量编码表							
1	报告书质量编码	字符型	是	是			
2	报告书质量名称	字符型	是				
3	说明	字符型	否				
25. 行业类别编码表							
1	行业类别编码	字符型	是	是			
2	行业类别名称	字符型	是				
3	说明	字符型	否				
26. 指标结构类型编码表							
1	指标结构类型编码	字符型	是	是			
2	指标结构类型名称	字符型	是				
3	说明	字符型	否				

9.4.3　数据库表关系设计

火电建设项目环评指标数据库表以建设项目基本信息表为核心，各指标表（工艺参数、资源消耗、评价等级、总量控制、环境污染治理、清洁生产以及评估结论）都通过同一个建设项目环评指标记录的唯一编号进行关联。

通过建设项目编号，将现状环评指标与历史环评指标进行关联，以便能够对同一建设项目不同时期的指标参数进行关联查询；同时也通过建设项目编号将火电建设项目环评指标库与环境影响报告书数据库进行关联，使得查看到对应建设项目环评报告书全文以及相关的附件材料。

9.5　数据库物理设计

火电环评指标数据库表以普通关系表的方式存储于数据库软件（如 Oracle、SQL 等）中，可在独立的用户和表空间中管理，或是在整个环评基础数据库的用户名和表空间上统一管理。

数据库的物理设计主要是为逻辑数据模型选择适合应用环境的物理结构，即存储结构与存取方法。物理设计的原则是高效性和安全性，针对不同的数据库，可以从优化操作系统、磁盘布局优化和配置、数据库初始化参数的选择、设置和管理内存、设置和管理 CPU、设置和管理表空间、设置和管理回滚段、设置和管理联机重做日志、设置和管理归档重做日志、设置和管理控制文件等几个方面来提高数据库的运行效率。

9.6 数据库编码设计

9.6.1 行政区编码

参照全国行政区域代码表。

9.6.2 建设项目性质编码

表 9-5 建设项目性质编码

编码	名称	说明
01	新建	
02	改建	
03	扩建	

9.6.3 电厂类型编码

表 9-6 电厂类型编码

编码	名称	说明
01	发电厂	
02	热电厂	

9.6.4 汽轮机种类分类方式编码

表 9-7 汽轮机种类分类方式编码

编码	名称	说明
01	蒸汽参数	
02	热力特性	

9.6.5 汽轮机种类编码

表 9-8 汽轮机种类编码

编码	分类方式编码	说明
01	01	低压
02	01	中压
03	01	高压
04	01	超高压

编码	分类方式编码	说明
05	01	亚临界
06	01	超临界
07	01	超超临界
08	02	纯凝
09	02	抽凝
10	02	背压

9.6.6　冷却方式编码

表 9-9　冷却方式编码

编码	名称	说明
01	水冷	
02	空冷	
03	水氢冷	

9.6.7　烟囱型式编码

表 9-10　烟囱型式编码

编码	名称	说明
01	单管	
02	多管	
03	烟塔合一	

9.6.8　燃料类型编码

表 9-11　燃料类型编码

编码	名称	说明
01	燃煤	
02	燃气	
03	燃油	
04	垃圾	
05	煤矸石	
06	油页岩	
07	其他	

9.6.9 灰场类型编码

表 9-12 灰场类型编码

编码	名称	说明
01	干灰场	
02	湿灰场	
03	灰库	

9.6.10 厂用电来源类型编码

表 9-13 厂用电来源类型编码

编码	名称	说明
01	电网	
02	自发电	

9.6.11 大气评价等级编码

表 9-14 大气评价等级编码

编码	名称	说明
01	一级	
02	二级	
03	三级	
04	简单分析	

9.6.12 水环境评价等级编码

表 9-15 水环境评价等级编码

编码	名称	说明
01	一级	
02	二级	
03	三级	
04	简单分析	

9.6.13　噪声评价等级编码

表 9-16　噪声评价等级编码

编码	名称	说明
01	一级	
02	二级	
03	三级	

9.6.14　大气功能区级别编码

表 9-17　大气功能区级别编码

编码	名称	说明
01	一类	
02	二类	
03	三类	

9.6.15　"两控区"状态编码

表 9-18　"两控区"状态编码

编码	名称	说明
01	不在"两控区"	
02	SO_2 控制区	
03	酸雨控制区	
04	"两控区"	

9.6.16　地表水水质级别编码

表 9-19　地表水水质级别编码

编码	名称	说明
01	I 类	
02	II 类	
03	III 类	
04	IV 类	
05	V 类	
06	劣 V 类	

9.6.17 地下水水质级别编码

表 9-20   地下水水质级别编码

编码	名称	说明
01	Ⅰ类	
02	Ⅱ类	
03	Ⅲ类	
04	Ⅳ类	
05	Ⅴ类	

9.6.18 声环境功能区级别编码

表 9-21   声环境功能区级别编码

编码	名称	说明
01	0类	
02	1类	
03	2类	
04	3类	
05	4类	

9.6.19 脱硫装置种类编码

表 9-22   脱硫装置种类编码

编码	名称	说明
01	湿法	
02	干法	

9.6.20 脱硝装置种类编码

表 9-23   脱硝装置种类编码

编码	名称	说明
01	湿法	
02	干法	

9.6.21　除尘装置种类编码

表 9-24　除尘装置种类编码

编码	名称	说明
01	布袋	
02	静电	
03	布袋加静电	

9.6.22　评估结论编码

表 9-25　评估结论编码

编码	名称	说明
01	可行	
02	有条件可行	
03	暂不可行	
04	不具备可行性	

9.6.23　工程违规情况编码

表 9-26　工程违规情况编码

编码	名称	说明
01	违法开工	
02	擅自变更工程内容	
03	历史遗留问题没有整改	

9.6.24　报告书质量编码

表 9-27　报告书质量编码

编码	名称	说明
01	优	
02	良	
03	中	
04	差	

9.6.25 行业类别编码

见《国民经济行业分类与代码》（GB/T 4754—2002）。

9.6.26 指标结构类型编码

表 9-28 指标结构类型编码

编码	名称	说明
01	CHAR	固定长度字符串
02	VARCHAR2	可变长度的字符串
03	NUMBER	数值
04	DATE	日期
05	BOOLEAN	布尔型
……		

第 10 章　轨道交通环评指标数据库结构设计

10.1　概述

随着我国城市轨道交通的快速发展，轨道交通的环评工作显得越来越重要。目前轨道交通项目环评管理亟须一套完整的环评指标体系来指导工作，同时轨道交通项目的环评管理中也存在着评估结果科学性和可靠性有待提升、环评报告数据资料难以管理和利用等问题。

轨道交通行业建设项目环评指标体系明确了轨道交通项目与环境之间的关系，全面地揭示了轨道交通项目对环境影响变化趋势的本质，并反映了轨道交通行业建设项目环境影响报告书中的重要信息项，依据该指标体系设计、建设轨道交通环评指标数据库，并从大量轨道交通行业建设项目环境影响报告书中抽取关键信息入库，不仅可以提高环评基础数据的规范化存储和管理水平，而且可以为相关环境管理决策提供数据支持，促进环评基础数据的充分利用。

轨道交通环评指标数据库结构设计从现状调研与需求分析出发，依据轨道交通行业建设项目环评指标体系，在环评基础数据库结构设计体系下，设计轨道交通环评指标数据库的概念结构、逻辑结构和物理结构，说明轨道交通环评指标数据库的编码内容，指导轨道交通环评指标数据库的设计与构建。

10.2　现状调研与需求分析

从数据资源现状和数据库系统现状两个方面开展调研与需求分析。

（1）数据资源现状调研与需求分析

调研轨道交通环评指标数据库建设单位数据资源现状，重点了解该单位的环评指标数据资源情况，包括轨道交通环境影响报告书、轨道交通环评指标数据表等的管理和应用情况。环评基础数据库需按照轨道交通行业建设项目环评指标体系来设计结构，所以还需要重点调研分析该指标体系的结构和内容，通常情况下，该指标体系应包括项目概况、工程特性、评价等级、环境现状、环境影响、环保措施、评价结论等 7 个方面的内容。

（2）数据库及管理系统现状与需求分析

调研轨道交通环评指标数据库建设单位数据库及管理系统现状，了解该单位目前与之相关的业务开展情况，如数据获取方法、数据使用方法、与其他数据的关联等。

分析总结用户轨道交通环评指标数据库的初步需求。例如：通过环评指标数据库了解建设项目基本信息，包括项目投资、线路长路、建设性质等；掌握项目对环境影响情况，包括环境污染物种类、排放总量、排放规律，采取环保措施及其效果情况等；统计分析区域建设项目分布情况，包括基于行政区划、经济区划等对建设项目进行统计分析等；用户自己能够录入环评指标数据等。

10.3 数据库概念设计

10.3.1 数据内容与结构分析

10.3.1.1 基本信息

轨道交通环评指标数据库基本信息主要为轨道交通环评指标数据，而轨道交通环评指标数据是依据轨道交通行业建设项目环评指标体系（图 10-1）确定的，一般应包括 7 个方面的内容：项目概况、工程特征、评价等级、环境现状、环境影响、环保措施和评价结论。

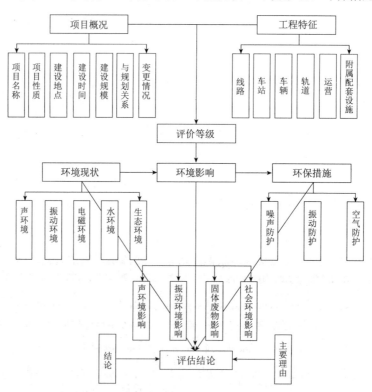

图 10-1　轨道交通行业建设项目环评指标体系结构

10.3.1.2　关联信息

关联信息是指为了实现轨道交通环评指标数据的关联查询而设置的辅助信息,主要包括轨道交通环评指标数据库内部关联信息和轨道交通环评指标数据库与其他数据库的关联信息。

10.3.1.3　编码信息

字典编码信息是对具有明确取值范围的字段值域进行描述的信息,如建设项目性质(新建、扩建、改建)、车站形式(地面、高架、地下)、环保措施效果(好、较好、一般、差)等。该类信息需要预先定义,并可进行动态的更新维护,以便环评指标信息录入与管理时使用。

10.3.2　实体—关系图

用实体—关系图来表示轨道交通环评指标数据库的概念结构,图 10-2 所示为一种可采用的实体—关系图,主要概念实体包括建设项目、工程特性、行车、环境、环保措施和评估结论等,各实体的属性分别如图 10-2 至图 10-9 所示。

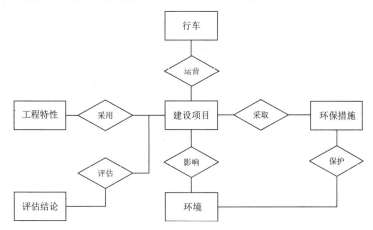

图 10-2　轨道交通建设项目环评指标实体—关系

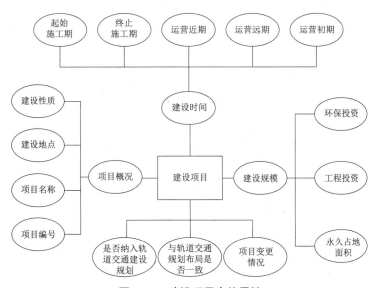

图 10-3　建设项目实体属性

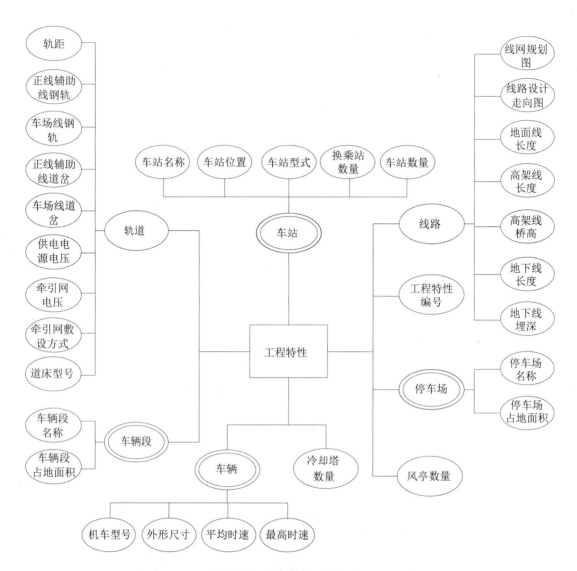

图 10-4　工程特性实体属性

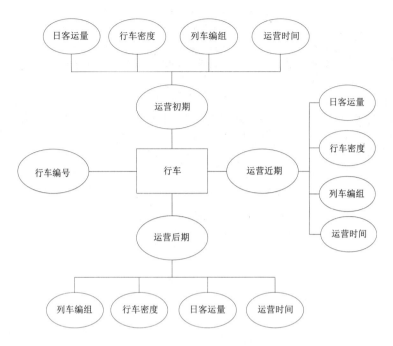

图 10-5　行车实体属性

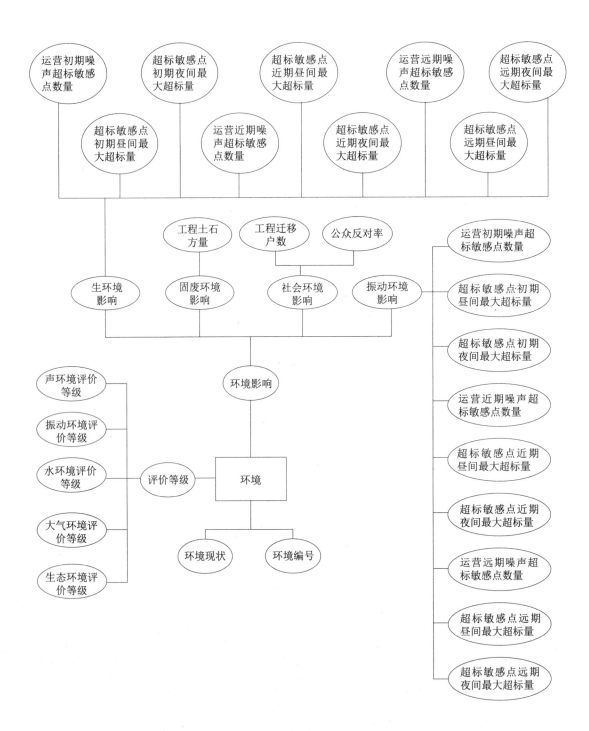

图 10-6　环境实体属性

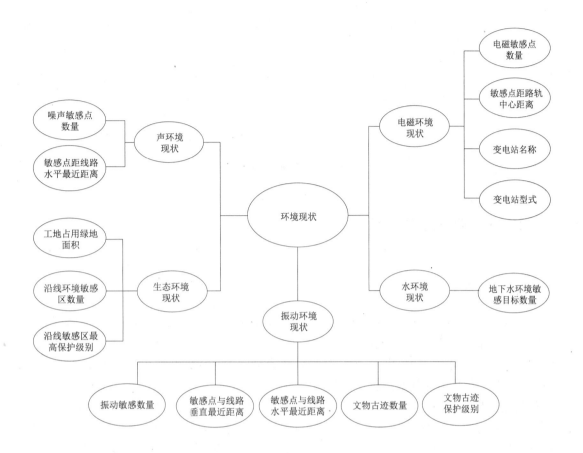

图 10-7　环境现状属性

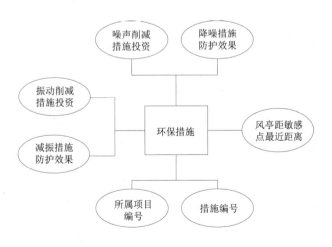

图 10-8　环保措施实体属性

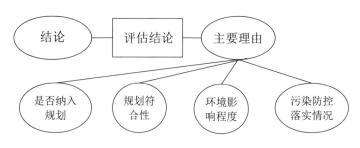

图 10-9　评估结论实体属性

10.4　数据库逻辑设计

10.4.1　数据库表设计

　　根据前面对轨道交通环评指标数据库的概念设计，进一步设计出轨道交通环评指标数据库的逻辑结构。轨道交通环评指标数据库表主要包括：基本信息表、关联关系表、编码信息表，具体见表 10-1。基本信息表对轨道交通项目环评指标数据库实体的基本信息进行描述，包括项目基本信息表、总体工程特性信息表、行车信息表、环保措施信息表、评估结论信息表和环境信息表；关系信息表对实体间的联系进行描述，用来建立基本信息表间的关系；编码信息表是关于数据信息的集合，也就是对数据中包含的所有元素的定义的集合，通过数据字典表可以规范用户的输入，以便于信息的管理和维护，并为今后的扩展提供条件。

表 10-1　轨道交通环评指标数据库表结构

数据表类型	数据表名称	说明
基本信息表	项目基本信息表	建设项目的基本信息，包括项目编号、项目名称等信息
	总体工程特性信息表	工程特性基本信息，包括车辆信息、车辆段信息、停车场信息等
	车站信息表	工程特性中的车站信息，包括车站编号、名称、位置、形式等
	车辆信息表	工程特性中的车辆信息，包括机车型号、尺寸、平均时速和最高时速等
	车辆段信息表	工程特性中的车辆段信息，包括车辆段编号、车辆段名称等
	停车场信息表	工程特性中的停车场信息，包括停车场编号、名称、占地面积等
	行车信息表	轨道交通建设项目的行车运营情况
	评价等级信息表	评价等级信息表
	总体环境信息表	轨道交通建设项目的环境现状、评价等级及对环境的影响
	环保措施信息表	建设项目所采取的环保措施信息
	评估结论信息表	环保管理部门对轨道交通建设项目环境影响评价的评估结论

数据表类型	数据表名称	说明
关联信息表	建设项目与工程特性关系表	建设项目与工程特性之间的关联关系
	环评指标主题分类表	环评指标主题分类表
	环评指标专题分类表	环评指标专题分类表
	环评指标结构表	环评指标结构表
	指标编辑修改日志表	指标编辑修改日志表
	历史指标关系表	历史指标关系表
编码信息表	建设项目性质编码表	项目建设性质（新建、改建、扩建）
	建设地点编码表	建设项目所在地区
	是否纳入建设规划编码表	轨道交通项目是否纳入建设规划编码
	与规划布局是否一致编码表	轨道交通项目是否与规划布局是否一致
	项目变更情况编码表	轨道交通项目变更情况
	牵引网敷设方式编码表	轨道交通项目牵引网敷设方式
	车站形式编码表编码表	建设项目车站形式
	声环境评价等级编码表	声环境评价等级
	振动环境评价等级编码表	振动环境评价等级
	水环境评价等级编码表	水环境评价等级
	大气环境评价等级编码表	大气环境评价等级
	生态环境评价等级编码表	生态环境评价等级
	文物古迹保护级别编码表	文物古迹保护级别
	生态敏感区最高保护级别编码表	生态敏感区最高保护级别
	降噪措施防护效果编码表	降噪措施防护效果
	减振措施防护效果编码表	减振措施防护效果
	评估结论编码表	轨道交通项目的评估结论
	环境影响程度编码表	评估结论中环境影响程度
	行业类别编码表	行业类别情况
	指标结构类型编码表	指标结构类型情况

10.4.2 数据表结构设计

10.4.2.1 基本信息表

表 10-2 基本信息表结构

序号	字段名称	字段类型	必填	主键	外键	外键表名称	说明
1. 项目基本信息表							
1	指标记录编号	字符型	是	是			系统自动产生的流水号，同一建设项目各表指标记录编号应保持一致
2	项目编号	字符型	是				
3	项目名称	字符型	是				
4	建设性质	字符型	是		是	建设项目性质编码表	
5	项目建设单位	字符型	是				
6	项目环评单位	字符型	是				
7	环评报告书评估时间	日期型	是				
8	建设地点	字符型	是		是	建设地点编码表	
9	施工期开始时间	日期型	是				
10	施工期结束时间	日期型	是				
11	运营初期	日期型	是				起始年份
12	运营近期	日期型	是				起始年份
13	运营远期	日期型	是				起始年份
14	工程投资	数字型	是				单位：万元
15	环保投资	数字型	是				单位：万元
16	永久占地面积	数字型	是				单位：平方千米
17	是否纳入建设规划	字符型	否		是	是否纳入建设规划编码表	
18	与规划布局是否一致	字符型	否		是	与规划布局是否一致编码表	
19	项目变更情况	字符型	否		是	项目变更情况编码表	
20	备注	字符型	否				备注
2. 总体工程特性信息表							
1	工程特性编号	字符型	是	是			系统自动增加产生
2	指标记录编号	字符型	是		是	项目基本信息表	依据项目基本信息表确定
3	线网规划图	二进制	否				CAD 矢量图

序号	字段名称	字段类型	必填	主键	外键	外键表名称	说明
4	线路设计走向图	二进制	否				CAD 矢量图
5	地面及敞开段长度	数字型	否				条件必填
6	高架线长度	数字型	否				条件必填
7	高架线桥最大高度	数字型	否				条件必填
8	高架线桥最低高度	数字型	否				条件必填
9	地下线长度	数字型	否				条件必填
10	地下线最大埋深	数字型	否				条件必填
11	地下线最小埋深	数字型	否				条件必填
12	换乘站数量	数字型	是				
13	车站数量	数字型	是				
14	轨距	数字型	否				
15	正线辅助线钢轨	数字型	是				
16	车场线钢轨	数字型	是				
17	正线辅助线道岔	字符型	否				
18	车场线道岔	字符型	否				
19	道床型号	字符型	否				
20	供电电源电压	数字型	是				
21	牵引网电压	数字型	是				
22	牵引网敷设方式	字符型	是		是	牵引网敷设方式编码表	依据编码表确定
23	风亭数量	数字型	是				
24	冷却塔数量	数字型	是				
25	备注	字符型	否				备注

3. 车站信息表

序号	字段名称	字段类型	必填	主键	外键	外键表名称	说明
1	车站编号	字符型	是	是			由系统自动增加产生
2	工程特性编号	字符型	是		是	总体工程特性信息表	依据总体工程特性信息表确定
3	车站位置经度	数字型	否				
4	车站位置纬度	数字型	否				
5	车站名称	字符型	是				
6	车站形式	字符型	是		是	车站形式编码表编码表	依据编码表确定
7	备注	字符型	否				备注

序号	字段名称	字段类型	必填	主键	外键	外键表名称	说明
4. 车辆信息表							
1	车辆编号	字符型	是	是			由系统自动增加产生
2	工程特性编号	字符型	是		是	总体工程特性信息表	依据总体工程特性信息表确定
3	机车型号	字符型	是				
4	外形尺寸长	数字型	是				
5	外形尺寸宽	数字型	是				
6	外形尺寸高	数字型	是				
7	平均时速	数字型	否				
8	最高时速	数字型	是				
9	备注	字符型	否				备注
5. 车辆段信息表							
1	车辆段编号	字符型	是	是			由系统自动增加产生
2	工程特性编号	字符型	是		是	总体工程特性信息表	依据总体工程特性信息表确定
3	车辆段名称	字符型	是				
5	车辆段占地面积	数字型	否				条件必填
6	备注	字符型	否				备注
6. 停车场信息表							
1	停车场编号	字符型	是	是			由系统自动增加产生
2	工程特性编号	字符型	是		是	总体工程特性信息表	依据总体工程特性信息表确定
3	停车场名称	字符型	是				
5	停车场占地面积	数字型	是				
6	备注	字符型	否				备注
7. 行车运营信息表							
1	行车编号	字符型	是	是			由系统自动增加产生
2	指标记录编号	字符型	是		是	项目基本信息表	依据项目基本信息表确定
3	运营初期日客运量	数字型	是				
4	运营初期行车密度	数字型	否				
5	运营初期列车编组	数字型	是				
6	运营初期开始运营	日期型	否				
7	运营初期结束运营	日期型	否				

序号	字段名称	字段类型	必填	主键	外键	外键表名称	说明
8	运营近期日客运量	数字型	是				
9	运营近期行车密度	数字型	否				
10	运营近期列车编组	数字型	是				
11	运营近期开始运营	日期型	否				
12	运营近期结束运营	日期型	否				
13	运营后期日客运量	数字型	是				
14	运营后期行车密度	数字型	否				
15	运营后期列车编组	数字型	是				
16	运营后期开始运营	日期型	否				
17	运营后期结束运营	日期型	否				
18	备注	字符型	否				备注

8. 评价等级信息表

序号	字段名称	字段类型	必填	主键	外键	外键表名称	说明
1	评价等级编号	字符型	是	是			由系统自动增加产生
2	指标记录编号	字符型	是		是	项目基本信息表	依据项目基本信息表确定
3	声环境评价等级	字符型	是		是	声环境评价等级编码表	依据编码表确定
4	振动环境评价等级	字符型	是		是	振动环境评价等级编码表	依据编码表确定
5	水环境评价等级	字符型	否		是	水环境评价等级编码表	条件必填, 依据编码表确定
6	大气环境评价等级	字符型	否		是	大气环境评价等级编码表	条件必填, 依据编码表确定
7	生态环境评价等级	字符型	是		是	生态环境评价等级编码表	依据编码表确定
8	备注	字符型	否				备注

9. 总体环境信息表

序号	字段名称	字段类型	必填	主键	外键	外键表名称	说明
1	环境编号	字符型	是	是			由系统自动增加产生
2	指标记录编号	字符型	是		是	项目基本信息表	依据项目基本信息表确定

序号	字段名称	字段类型	必填	主键	外键	外键表名称	说明
3	噪声敏感点数量	数字型	是				
4	噪声环境敏感点距线路水平最近距离	数字型	是				
5	振动敏感数量	数字型	是				
6	振动敏感点与线路水平最近距离	数字型	否				
7	振动敏感点与线路垂直最近距离	数字型	否				
8	文物古迹数量	数字型	否				条件必填
9	文物古迹保护级别	字符型	否		是	文物古迹保护级别编码表	条件必填，依据编码表确定
10	电磁敏感点数量	数字型	否				条件必填
11	电磁敏感点距路轨中心距离	数字型	否				
12	变电站（所）数量	数字型	是				
13	地下水环境敏感目标数量	数字型	否				条件必填
14	工程占用绿地面积	数字型	是				
15	沿线生态环境敏感区数量	数字型	是				
16	沿线生态敏感区最高保护级别	数字型	否		是	生态敏感区最高保护级别编码表	依据编码表确定
17	运营初期噪声超标敏感点数量	数字型	是				
18	沿线噪声超标敏感点初期昼间最大超标量	数字型	是				
19	沿线噪声超标敏感点初期夜间最大超标量	数字型	是				
20	运营近期噪声超标敏感点数量	数字型	是				

序号	字段名称	字段类型	必填	主键	外键	外键表名称	说明
21	沿线噪声超标敏感点近期昼间最大超标量	数字型	是				
22	沿线噪声超标敏感点近期夜间最大超标量	数字型	是				
23	运营远期噪声超标敏感点数量	数字型	是				
24	沿线噪声超标敏感点远期昼间最大超标量	数字型	是				
25	沿线噪声超标敏感点远期夜间最大超标量	数字型	是				
26	运营初期振动超标敏感点数量	数字型	是				
27	沿线振动超标敏感点初期昼间最大超标量	数字型	是				
28	沿线振动超标敏感点初期夜间最大超标量	数字型	是				
29	运营近期振动超标敏感点数量	数字型	是				
30	沿线振动超标敏感点近期昼间最大超标量	数字型	是				
31	沿线振动超标敏感点近期夜间最大超标量	数字型	是				
32	运营远期振动超标敏感点数量	数字型	是				
33	沿线振动超标敏感点远期昼间最大超标量	数字型	是				
34	沿线振动超标敏感点远期夜间最大超标量	数字型	是				
35	工程土石方量	数字型	是				
36	迁移户数	数字型	是				

序号	字段名称	字段类型	必填	主键	外键	外键表名称	说明
37	公众反对率	数字型	是				
38	备注	字符型	否				备注
10. 环保措施信息表							
1	环保措施编号	字符型	是	是			由系统自动增加产生
2	指标记录编号	字符型	是		是	项目基本信息表	依据项目基本信息表确定
3	噪声削减措施投资	数字型	是				
4	降噪措施防护效果	字符型	是		是	降噪措施防护效果编码表	依据编码表确定
5	振动削减措施投资	数字型	是				
6	减振措施防护效果	字符型	是		是	减振措施防护效果编码表	依据编码表确定
7	风亭距敏感点最近距离	数字型	是				
8	备注	字符型	否				备注
11. 评估结论信息表							
1	评估结论编号	字符型	是	是			由系统自动增加产生
2	指标记录编号	字符型	是		是	项目基本信息表	依据项目基本信息表确定
3	评估结论	字符型	是		是	评估结论编码表	依据编码表确定
4	是否纳入轨道交通建设规划	字符型	否				条件必填
5	与轨道交通规划布局是否一致	字符型	否				条件必填
6	环境影响程度	字符型	是		是	环境影响程度编码表	依据编码表确定
7	污染防控落实情况	字符型	是				
8	备注	字符型	否				备注

10.4.2.2　关联信息表

表 10-3　关联信息表结构

序号	字段名称	字段类型	必填	主键	外键	外键表名称	说明
1. 建设项目与总体工程特性关系表							
1	关系编号	字符型	是	是			由系统自动增加产生
2	指标记录编号	字符型	是		是	项目基本信息表	依据项目基本信息表确定
3	总体工程特性编号	字符型	是		是	总体工程特性信息表	依据总体工程特性信息表确定
4	备注	字符型	否				备注
2. 环评指标主题分类表							
1	指标主题层编号	字符型	是	是			
2	指标主题层名称	字符型	是				
3	所属行业类别代码	字符型	是		是	行业类别编码表	依据编码表确定
4	备注	字符型	否				备注
3. 环评指标专题分类表							
1	指标专题层编号	字符型	是	是			
2	指标专题层名称	字符型	是				
3	所属主题编号	字符型	是		是	环评指标主题分类表	依据环评指标主题分类表确定
4	备注	字符型	否				备注
4. 环评指标结构表							
1	指标编号	字符型	是	是			
2	指标名称	字符型	是				
3	所属专题编号	字符型	是		是	环评指标专题分类表	依据环评指标专题分类表确定
4	字段类型	字符型	是		是	指标结构类型编码表	依据编码表确定
5	字段长度	数字型	是				
6	是否可为空	布尔型	是				
7	是否为主键	布尔型	是				
8	是否为外键	布尔型	是				
9	外键表与字段名	字符型	否				
10	缺省值	字符型	否				
11	值域列表	字符型	否				不同值之间用逗号隔开
12	值域表	字符型	否				对于字典表的表名
13	字段值单位	字符型	否				
14	创建者	字符型	是				
15	创建时间	日期型	是				
16	备注	字符型	否				备注

序号	字段名称	字段类型	必填	主键	外键	外键表名称	说明
5. 指标编辑修改日志表							
1	编辑修改序号	字符型	是	是			系统自动产生的序列号
2	指标记录编号	字符型	是				
3	建设项目编号	字符型	是				
4	编辑修改者登录号	字符型	是				
5	最新更新时间	日期型	是				
6	操作类型	字符型	是				01 表示新建；02 表示修改；03 表示变更；04 表示删除
7	备注	字符型	否				备注
6. 历史指标关系表							
1	历史指标关联编号	字符型	是	是			由系统自动增加产生
2	指标记录编号	字符型	是		是	项目基本信息表	
3	建设项目编号	字符型	是		是	项目基本信息表	依据项目基本信息表确定
4	环评指标内容	二进制	是				以 XML 格式保存所有轨道交通环评指标数据
5	变更后的指标记录编号	字符型	是		是	项目基本信息表	
6	备注	字符型	否				备注

10.4.2.3 编码信息表

表 10-4 编码信息表结构

序号	字段名称	字段类型	必填	主键	外键	外键表名称	说明
1. 建设项目性质编码表							
1	编码	字符型	是	是			
2	建设性质	字符型	是				
3	说明	字符型	否				
2. 建设地点编码表							
1	编码	字符型	是	是			
2	地区	字符型	是				
3	说明	字符型	否				
3. 是否纳入建设规划编码表							
1	编码	字符型	是	是			
2	是否纳入建设规划	字符型	是				
3	说明	字符型	否				
4. 与规划布局是否一致编码表							
1	编码	字符型	是	是			

序号	字段名称	字段类型	必填	主键	外键	外键表名称	说明
2	与规划布局是否一致	字符型	是				
3	说明	字符型	否				

5. 项目变更情况编码表

序号	字段名称	字段类型	必填	主键	外键	外键表名称	说明
1	编码	字符型	是	是			
2	项目变更情况	字符型	是				
3	说明	字符型	否				

6. 牵引网敷设方式编码表

序号	字段名称	字段类型	必填	主键	外键	外键表名称	说明
1	编码	字符型	是	是			
2	牵引网敷设方式	字符型	是				
3	说明	字符型	否				

7. 车站形式编码表

序号	字段名称	字段类型	必填	主键	外键	外键表名称	说明
1	编码	字符型	是	是			
2	车站形式	字符型	是				
3	说明	字符型	否				

8. 声环境评价等级编码表

序号	字段名称	字段类型	必填	主键	外键	外键表名称	说明
1	编码	字符型	是	是			
2	评价等级	字符型	是				
3	说明	字符型	否				

9. 振动环境评价等级编码表

序号	字段名称	字段类型	必填	主键	外键	外键表名称	说明
1	编码	字符型	是	是			
2	评价等级	字符型	是				
3	说明	字符型	否				

10. 水环境评价等级编码表

序号	字段名称	字段类型	必填	主键	外键	外键表名称	说明
1	编码	字符型	是	是			
2	评价等级	字符型	是				
3	说明	字符型	否				

11. 大气环境评价等级编码表

序号	字段名称	字段类型	必填	主键	外键	外键表名称	说明
1	编码	字符型	是	是			
2	评价等级	字符型	是				
3	说明	字符型	否				

12. 生态环境评价等级编码表

序号	字段名称	字段类型	必填	主键	外键	外键表名称	说明
1	编码	字符型	是	是			
2	评价等级	字符型	是				
3	说明	字符型	否				

13. 文物古迹保护级别编码表

序号	字段名称	字段类型	必填	主键	外键	外键表名称	说明
1	编码	字符型	是	是			
2	保护级别	字符型	是				
3	说明	字符型	否				

序号	字段名称	字段类型	必填	主键	外键	外键表名称	说明
14. 生态敏感区最高保护级别编码表							
1	编码	字符型	是	是			
2	保护级别	字符型	是				
3	说明	字符型	否				
15. 降噪措施防护效果编码表							
1	编码	字符型	是	是			
2	效果	字符型	是				
3	说明	字符型	否				
16. 减振措施防护效果编码表							
1	编码	字符型	是	是			
2	效果	字符型	是				
3	说明	字符型	否				
17. 评估结论编码表							
1	评估结论代码	字符型	是	是			
2	评估结论名称	字符型	是				
3	说明	字符型	否				
18. 环境影响程度编码表							
1	环境影响程度编码	字符型	是	是			
2	环境影响程度	字符型	是				
3	说明	字符型	否				
19. 行业类别编码表							
1	建设项目行业类别代码	字符型	是	是			
2	行业类别名称	字符型	是				
3	说明	字符型	否				
20. 指标结构类型编码表							
1	指标结构类型代码	字符型	是	是			
2	指标结构类型名称	字符型	是				
3	说明	字符型	否				

10.4.3　数据库表关系设计

轨道交通环评指标数据库表以项目基本信息表为核心，其他实体属性表（工程特性、行车运营、环境、环保措施和评估结论）都通过同一指标记录编号与项目基本信息表进行关联。其他各实体（工程特性、行车运营、环境、环保措施和评估结论）的多值属性表分别通过各自的实体编号与主属性表关联。

通过建设项目编号，将现状环评指标与历史环评指标进行关联，以便能够对同一建设项目不同时期的指标参数进行关联查询；同时也通过建设项目编号将轨道交通环评指标数据库与环境影响报告书数据库进行关联，使得查看到对应建设项目环评报告书全文以及相关的附件材料。

10.5　数据库物理设计

轨道交通环评指标数据库表以普通关系表的方式存储于数据库软件（如 Oracle、SQL 等）中，可在独立的用户和表空间中管理，或是在整个环评基础数据库的用户名和表空间上统一管理。

数据库的物理设计主要是为逻辑数据模型选择适合应用环境的物理结构，即存储结构与存取方法。物理设计的原则是高效性和安全性，针对不同的数据库，可以从优化操作系统、磁盘布局优化和配置、数据库初始化参数的选择、设置和管理内存、设置和管理 CPU、设置和管理表空间、设置和管理回滚段、设置和管理联机重做日志、设置和管理归档重做日志、设置和管理控制文件等几个方面来提高数据库的运行效率。

10.6　数据库编码设计

10.6.1　建设项目性质编码

表 10-5　建设项目性质编码

编码	性质	说明
01	新建	
02	改建	
03	扩建	
04	改扩建	

10.6.2　建设地点编码

参照全国行政区域代码表。

10.6.3　是否纳入建设规划编码

表 10-6　是否纳入建设规划编码

编码	是否纳入	说明
01	未纳入	
02	纳入	

10.6.4 与规划布局是否一致编码

表 10-7 与规划布局是否一致编码

编码	是否一致	说明
01	不一致	
02	一致	

10.6.5 项目变更情况编码

表 10-8 项目变更情况编码

一级编码		二级编码		
编码	项目变更情况	编码	项目变更情况	说明
01	否			
02	是	0201	未更新指标内容	
		0202	已更新指标内容	

10.6.6 牵引网敷设方式编码

表 10-9 牵引网敷设方式编码

编码	方式	说明
01	高架	
02	地上	
03	地下	

10.6.7 车站形式编码

表 10-10 车站形式编码

编码	形式	说明
01	地面	
02	高架	
03	地下	

10.6.8 声环境评价等级编码

表 10-11 声环境评价等级编码

编码	等级	说明
01	一级	
02	二级	
03	三级	

10.6.9 振动环境评价等级编码

表 10-12 振动环境评价等级编码

编码	等级	说明
01	一级	
02	二级	
03	三级	

10.6.10 水环境评价等级编码

表 10-13 水环境评价等级编码

编码	等级	说明
01	一级	
02	二级	
03	三级	

10.6.11 大气环境评价等级编码

表 10-14 大气环境评价等级编码

编码	等级	说明
01	一级	
02	二级	
03	三级	

10.6.12 生态环境评价等级编码

表 10-15 生态环境评价等级编码

编码	等级	说明
01	一级	
02	二级	
03	三级	

10.6.13 文物古迹保护级别编码

表 10-16 文物古迹保护级别编码

编码	等级	说明
01	国家级	
02	省级	
03	地市级	

10.6.14 生态敏感区最高保护级别编码

表 10-17 生态敏感区最高保护级别编码

编码	等级	说明
01	国家级	
02	省级	
03	地市级	

10.6.15 降噪措施防护效果编码

表 10-18 降噪措施防护效果编码

编码	效果	说明
01	超标	
02	维持现状	

10.6.16 减振措施防护效果编码

表 10-19 减振措施防护效果编码

编码	效果	说明
01	超标	
02	维持现状	

10.6.17　评估结论编码

表 10-20　评估结论编码

编码	结论	说明
01	可行	
02	有条件可行	
03	暂不可行	
04	不具备可行性	

10.6.18　环境影响程度编码

表 10-21　环境影响程度编码

一级编码		二级编码		
编码	环境影响程度	编码	环境影响程度	说明
01	达标			
02	超标	0201	轻微	
		0202	中等	
		0203	严重	

10.6.19　行业类别编码

见《国民经济行业分类与代码》（GB/T 4754—2002）。

10.6.20　指标结构类型编码

表 10-22　指标结构类型编码

编码	名称	说明
01	CHAR	固定长度字符串
02	VARCHAR2	可变长度的字符串
03	NUMBER	数值
04	DATE	日期
05	BOOLEAN	布尔型
……		

第11章 环评专家信息数据库结构设计

11.1 概述

环评专家能够为环评管理工作提供重要的智力支持，根据参与环评管理工作情况的不同，环评专家通常可以分为值班专家、常聘专家、临时专家和备用专家等几种类型。管理好环评专家信息，能够保障环评管理工作更加顺畅地开展，环评专家信息数据库是环评基础数据库的重要建设内容之一，是用于存储和管理环评专家信息的专家库，设计构建该数据库有利于促进环评专家信息科学化、规范化管理。

设计环评专家信息数据库结构可以为环评专家信息数据库设计、开发、管理、维护和应用人员提供指导，规范环评专家信息的管理和应用，提升环评基础数据库的设计与建设水平。

环评专家信息数据库结构设计从现状调研与需求分析出发，设计环评专家信息数据库的概念结构、逻辑结构和物理结构，说明环评专家信息数据库的编码内容。

11.2 现状调研与需求分析

从数据资源现状和数据库系统现状两个方面开展调研与需求分析。

（1）数据资源现状调研与需求分析

调研环评专家信息数据库建设单位数据资源现状，重点了解该单位环评专家数据的管理和应用情况，包括数据量、数据格式、数据质量、数据更新情况以及与业务衔接情况。

（2）数据库及管理系统现状与需求分析

调研环评专家信息数据库建设单位数据库及管理系统现状，了解该单位目前与之相关的业务开展情况，如环评专家数据获取方法、数据使用方法、与其他数据的关联等，并分析总结用户对环评专家信息数据库的初步需求，如对环评专家数据内容的需求，包括专家基本信息、专家业务信息等，对环评专家信息数据库软件系统功能的需求，包括对专家信息的抽取、查询、统计等。

11.3　数据库概念设计

11.3.1　数据内容与结构分析

11.3.1.1　基本信息

从专家聘用类型的角度来看，环评专家信息数据库的主要内容可以分为常聘专家信息、临时专家信息、备用专家信息和历史（资料）专家信息四类，这四类专家信息可采用统一的结构，描述环评专家基本信息和业务信息两大类信息。

（1）专家基本信息

专家基本信息主要包括专家个人信息、专家联系信息等。专家个人信息包括专家姓名、性别、出生年月、照片、技术职称、职务、所学专业、学历、工作单位等；专家联系方式信息包括专家通信地址、邮编、电话、手机、传真、电子信箱、备用邮箱、目前状态（正常办公、休假、出国等）等。

（2）专家业务信息

专家业务信息主要包括业务素质信息、专家值班信息、年度考核信息等。业务素质信息包括专家所属行业、从事专业方向、所学专业方向、科研成果、行业特点、技术特长、思想道德、身体健康状况和心理素质、社交状况等信息；专家值班信息包括专家是否在排定的值班表及具体安排情况等信息；年度考核信息包括年度工作量、工作质量等信息。

11.3.1.2　关联信息

环评专家信息数据库关联信息主要是环评专家与建设项目的关联信息，专家在被选参与项目评审后，一般需记录专家此次参与项目的信息以及项目负责人对专家的评价信息，包括专家标识、项目标识、参与时间、工作态度打分、工作质量打分等信息。

11.3.1.3　编码信息

编码信息为与专家某个信息相关字段的描述或限定信息。例如：针对专家从事行业领域，需要预先定义行业分类，以方便对专家信息的管理和维护。

11.3.2　实体—关系图

用实体—关系图来表示环评专家信息数据库的概念结构，图 11-1 所示为一种概要性的环评专家信息实体—关系图。

11.4　数据库逻辑设计

11.4.1　数据库表设计

根据前面对环评专家信息数据库的概念设计，进一步设计出环评专家信息数据库的

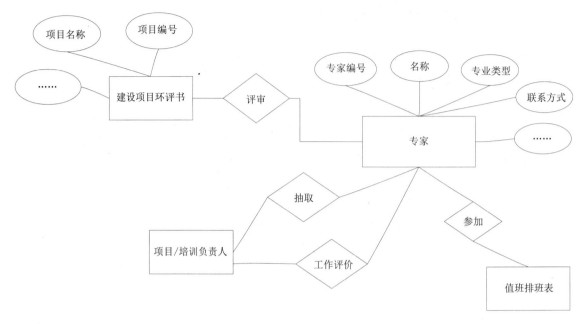

图 11-1　环评专家信息实体—关系图

逻辑结构。根据环评基础数据库结构设计,环评专家信息数据库的逻辑结构用关系模式表示,主要由表 11-1 所列表格来体现。

表 11-1　环评专家信息数据库表结构

数据表类型	数据表名称	说明
基本信息表	专家个人信息表	专家个人信息
	专家行业领域信息表	专家行业领域信息
	专家从事专业领域信息表	专家从事专业领域信息
	专家规划管理与区域开发信息表	专家规划管理与区域开发信息
	专家所学专业信息表	专家所学专业信息
	专家值班信息表	专家值班信息
	专家年度考核信息表	每年针对专家的考核信息
关联信息表	专家与项目项目关系表	专家参与评审项目情况信息
	专家与其他工作关系表	专家参与其他技术工作的信息
编码信息表	专家所在区域编码表	区域编码表
	专家技术职称编码表	技术职称编码信息
	专家学历编码表	学历编码表
	专家当前状态编码表	专家状态编码表
	专家聘用类型编码表	专家聘用类型编码表
	专家行业领域编码表	行业领域编码表
	专家从事专业领域编码表	从事专业领域编码表
	专家规划管理与区域开发编码表	专家规划管理与区域开发编码表

数据表类型	数据表名称	说明
	专家所学专业编码表	专家所学专业编码表
编码信息表	专家工作评价编码表	对专家所参与工作进行评价的编码
	专家参与其他工作类型编码表	专家所参与其他工作类型编码表

11.4.2　数据表结构设计

11.4.2.1　基本信息表

表 11-2　基本信息表结构

序号	字段名称	字段类型	必填	主键	外键	外键表名称	说明
1. 专家个人信息表							
1	专家编号	字符型	是	是			专家编号（唯一）
2	姓名	字符型	是				姓名
3	身份证号	字符型	是				身份证号
4	民族	字符型	是				民族
5	性别	字符型	是				性别
6	出生年月	日期型	是				出生年月
7	工作单位	字符型	是				工作单位
8	所在省市	字符型	是		是	专家所在区域编码表	所在省市代码
9	职务	字符型	是				职务
10	技术职称	字符型	是		是	专家技术职称编码表	技术职称编码
11	学历	字符型	是		是	专家学历编码表	学历代码
12	健康状况	字符型	是				身体健康状况
13	照片	二进制	否				照片
14	单位固话	字符型	是				单位固定电话
15	家庭固话	字符型	是				家庭固定电话
16	手机号	字符型	是				手机号
17	通信地址	字符型	是				通信地址
18	邮编	字符型	是				邮编
19	传真	字符型	是				传真
20	邮件地址	字符型	是				邮件地址
21	备用邮件地址	字符型	否				备用邮件地址
22	目前状态	字符型	否		是	专家当前状态编码表	目前状态标识
23	科研成果	字符型	否				科研成果
24	技术特长	字符型	否				技术特长

序号	字段名称	字段类型	必填	主键	外键	外键表名称	说明
25	心理素质	字符型	否				心理素质
26	工作与学习经历	字符型	否				工作与学习经历
27	聘用类型	字符型	是		是	专家聘用类型编码表	聘用类型
28	是否值班专家	字符型	是				
29	推荐人	字符型	是				推荐人
30	推荐表	二进制	是				推荐表（扫描件或 Word 文档）
31	其他说明	字符型	否				其他说明
32	备注	字符型	否				备注
2. 专家行业领域信息表							
1	专家编号	字符型	是	是	是	专家个人信息表	专家编号（唯一）
2	行业领域	字符型	是		是	专家行业领域编码表	专家行业领域类型编码，一个专家可对应多个行业
3	备注	字符型	否				备注
3. 专家从事专业领域信息表							
1	专家编号	字符型	是	是	是	专家个人信息表	专家编号（唯一）
2	专业领域	字符型	是		是	专家从事专业领域编码表	专家专业领域类型编码，一个专家可对应多个专业
3	备注	字符型	否				备注
4. 专家规划管理与区域开发信息表							
1	专家编号	字符型	是	是	是	专家个人信息表	专家编号（唯一）
2	规划管理与区域开发类型	字符型	是		是	专家规划管理与区域开发编码表	一个专家可对应多个
3	备注	字符型	否				备注
5. 专家所学专业信息表							
1	专家编号	字符型	是	是	是	专家个人信息表	专家编号
2	专业类型	字符型	是		是	专家所学专业编码表	专家所学专业类型编码，可在不同阶段学习不同的专业
3	学历阶段	字符型	是		是	专家学历编码表	学历阶段（专科、本科、硕士等）

序号	字段名称	字段类型	必填	主键	外键	外键表名称	说明
4	备注	字符型	否				备注

6. 专家值班信息表

序号	字段名称	字段类型	必填	主键	外键	外键表名称	说明
1	专家编号	字符型	是		是	专家个人信息表	专家编号（唯一）
2	是否组长	字符型	是				是否为组长
3	开始时间	日期型	是				开始时间
4	结束时间	日期型	是				结束时间
5	备注	字符型	否				备注

7. 专家年度考核信息表

序号	字段名称	字段类型	必填	主键	外键	外键表名称	说明
1	专家编号	字符型	是		是	专家个人信息表	专家编号（唯一）
2	年份	数字型	是				考核年份
3	年度评价	字符型	是		是	专家工作评价编码表	综合评价（优、良、中、差）
4	备注	字符型	否				备注

11.4.2.2 关联信息表

表 11-3 关联信息表结构

序号	字段名称	字段类型	必填	主键	外键	外键表名称	说明
1. 专家与项目关系表							
1	专家编号	字符型	是		是	专家个人信息表	专家编号（唯一）
2	建设项目编号	字符型	是		是		建设项目编号（唯一）
3	是否出席	字符型	是				是否出席（默认值为出席）
4	开始时间	日期型	否				开始时间
5	结束时间	日期型	否				结束时间
6	专家评审意见	字符型	否				专家评审意见
7	业务能力	字符型	否		是	专家工作评价编码	业务能力（优、良、中、差）
8	工作态度	字符型	否		是	专家工作评价编码	工作态度（优、良、中、差）
9	职业道德	字符型	否		是	专家工作评价编码	职业道德（优、良、中、差）
10	技术水平	字符型	否		是	专家工作评价编码	技术水平（优、良、中、差）
11	综合评价	字符型	否		是	专家工作评价编码	综合评价（优、良、中、差）
12	备注	字符型	否				备注
2. 专家与其他工作关系表							
1	专家编号	字符型	是		是	专家个人信息表	专家编号（唯一）
2	工作类型	字符型	是		是	专家参与工作类型编码表	建设项目编号（唯一）
3	开始时间	日期型	是				开始时间（短日期型，只到日）

序号	字段名称	字段类型	必填	主键	外键	外键表名称	说明
4	结束时间	日期型	是				结束时间（短日期型，只到日）
5	业务能力	字符型	是		是	专家工作评价编码	业务能力（优、良、中、差）
6	工作态度	字符型	是		是	专家工作评价编码	工作态度（优、良、中、差）
7	职业道德	字符型	是		是	专家工作评价编码	职业道德（优、良、中、差）
8	技术水平	字符型	是		是	专家工作评价编码	技术水平（优、良、中、差）
9	综合评价	字符型	是		是	专家工作评价编码	综合评价（优、良、中、差）
10	备注	字符型	否				备注

11.4.2.3 编码信息表

表 11-4 编码信息表结构

序号	字段名称	字段类型	必填	主键	外键	外键表名称	说明
1. 专家所在区域编码表							
1	编码	字符型	是	是			区域编码
2	区域名称	字符型	是				区域名称
3	说明	字符型	否				区域说明
2. 专家技术职称编码表							
1	编码	字符型	是	是			职称编码
2	职称	字符型	是				职称名称
3	说明	字符型	否				职称说明
3. 专家学历编码表							
1	编码	字符型	是	是			学历编码
2	学历	字符型	是				学历名称
3	说明	字符型	否				学历说明
4. 专家当前状态编码表							
1	编码	字符型	是	是			状态编码
2	状态	字符型	是				状态（如：出国、病休等）
3	说明	字符型	否				状态说明
5. 专家聘用类型编码表							
1	编码	字符型	是	是			聘用类型编码
2	聘用类型	字符型	是				聘用类型名称
3	说明	字符型	否				聘用类型说明
6. 专家行业领域编码表							
1	编码	字符型	是	是			行业编码
2	行业领域	字符型	是				行业名称
3	说明	字符型	否				行业说明
7. 专家从事专业领域编码表							
1	编码	字符型	是	是			专业编码

序号	字段名称	字段类型	必填	主键	外键	外键表名称	说明
2	专业领域	字符型	是				专业名称
3	说明	字符型	否				专业说明
8. 专家规划管理与区域开发编码表							
1	编码	字符型	是	是			规划专业编码
2	名称	字符型	是				规划管理与区域开发专业名称
3	说明	字符型	否				详细说明
9. 专家所学专业编码表							
1	编码	字符型	是	是			所学专业编码
2	专业	字符型	是				所学专业名称
3	说明	字符型	否				所学专业说明
10. 专家工作评价编码表							
1	编码	字符型	是	是			工作评价编码
2	工作评价	字符型	是				工作评价内容（优、良、中、差）
3	说明	字符型	否				工作评价说明
11. 专家参与工作类型编码表							
1	编码	数字型	是	是			工作类型编码
2	工作类型	字符型	是				工作类型名称
3	说明	字符型	否				工作类型说明

11.4.3　数据库表关系设计

在环评专家信息数据库内部，专家基本信息中的各表，包括专家个人信息表、专家行业领域、专家从事专业领域、专家规划管理与区域开发、专家所学专业等，都是针对专家某个方面信息的描述，这些表以专家个人信息表为中心，通过专家编号字段与专家个人信息表相关联。

在环评专家信息数据库外部，通过专家参与项目表与建设项目数据库进行关联，具体通过专家编号字段和建设项目编号进行关联。

11.5　数据库物理设计

环评专家信息数据库表以普通关系表的方式存储于数据库软件（如 Oracle、SQL 等）中，可在独立的用户和表空间中管理，或是在整个环评基础数据库的用户名和表空间上统一管理。

数据库的物理设计主要是为逻辑数据模型选择适合应用环境的物理结构，即存储结构与存取方法。物理设计的原则是高效性和安全性，针对不同的数据库，可以从优化操作系统、磁盘布局优化和配置、数据库初始化参数的选择、设置和管理内存、设置和管理 CPU、设置和管理表空间、设置和管理回滚段、设置和管理联机重做日志、设置和管理归档重做日志、设置和管理控制文件等几个方面来提高数据库的运行效率。

11.6 数据库编码设计

11.6.1 专家所在区域编码

参照全国行政区域代码表。

11.6.2 专家技术职称编码

表 11-5 专家技术职称编码

编码	名称	说明
10	院士	
21	教授	
22	副教授	
23	讲师	
31	研究员	
32	副研究员	
33	助理研究员	
41	高级工程师	
42	工程师	

11.6.3 专家学历编码

表 11-6 专家学历编码

编码	名称	说明
10	大专	取得专科文凭
20	本科	取得学士学位
30	硕士研究生	取得硕士学位
40	博士研究生	取得博士学位
50	其他	无法用以上学历表达的

11.6.4　专家当前状态编码

表 11-7　专家当前状态编码

编码	名称	说明
10	正常工作	正常工作
21	短期出国	15 天之内的出国
22	长期出国	15 天以上的出国
31	短期休假	15 天以内的休假
32	长期休假	15 天以上的休假

11.6.5　专家聘用类型编码

表 11-8　专家聘用类型编码

编码	名称	说明
10	常聘	常聘专家
20	备用	备用专家
30	临时	临时聘用专家
40	历史	历史资料库中的专家

11.6.6　专家行业领域编码

采用四级分类，八位数字编码，每一级采用两位数字。其中，一级主要采用大行业分类方式；二级、三级分类是在一级分类的基础上进行细分；第四级编码是为以后扩展使用。另外，为了编码位数相同，如果分类级别不足四级，后面用零补齐。具体编码见表 11-9。

表 11-9　专家行业领域编码

一级分类		二级分类		三级分类		四级分类（扩展）	
类别编码	类别名称	类别编码	类别名称	类别编码	类别名称	类别编码	类别名称
10	林业						
11	采矿业	1110	煤炭开采和洗选业				
		1111	石油和天然气开采业				
		1112	黑色金属矿采选业				
		1113	有色金属矿采选业				

一级分类		二级分类		三级分类		四级分类（扩展）	
类别编码	类别名称	类别编码	类别名称	类别编码	类别名称	类别编码	类别名称
11	采矿业	1114	非金属矿采选业	111410	化学矿采选		
				111411	采盐		
12	造纸及纸制品业						
13	石油加工、炼焦及核燃料加工业	1310	精炼石油产品的制造				
		1311	炼焦				
14	化学原料及化学制品制造业	1410	基础化学原料制造				
		1411	合成材料制造				
15	医药制造业						
16	黑色金属冶炼及压延加工业						
17	有色金属冶炼及压延加工业	1710	重有色金属冶炼及压延				
		1711	轻有色金属冶炼及压延				
		1712	稀有稀土金属冶炼及压延				
18	交通运输设备制造业	1810	交通运输设备制造业				
		1811	船舶及浮动装置制造				
		1812	航空航天器制造				
19	火力发电业						
20	交通、运输建设业	2010	铁路建设				
		2011	公路建设				
		2012	轨道交通建设				
		2013	码头和航道建设				
		2014	机场建设				
		2015	管道运输建设				
		2016	桥梁隧道建设				

一级分类		二级分类		三级分类		四级分类（扩展）	
类别编码	类别名称	类别编码	类别名称	类别编码	类别名称	类别编码	类别名称
21	水利建设业	2110	防洪设施建设				
		2111	水利发电				
		2112	调水（引水）				
22	环境治理	2210	污水处理				
		2211	废气治理				
		2212	固废处置	221210	生活垃圾		
				221211	一般工业废物		
				221212	危险废物		
		2213	噪声防治				
		2214	生态治理				

11.6.7　专家从事专业领域编码

采用四级分类，八位数字编码，每一级采用两位数字。其中，一级主要采用环保业务分类方式，也就是常见的大气、水、噪声等分类方式；二级、三级分类是在一级分类的基础上进行细分；第四级编码是为以后扩展使用。另外，为了编码位数相同，如果分类级别不足四级，后面用零补齐。具体编码见表 11-10。

表 11-10　专家从事专业领域编码

一级分类		二级分类		三级分类		四级分类（扩展）	
类别编码	类别名称	类别编码	类别名称	类别编码	类别名称	类别编码	类别名称
10	水环境	1010	河流				
		1011	湖泊与水库				
		1012	河口				
11	大气环境						
12	噪声与振动						
13	生态学	1310	陆生生态系统				
		1311	淡水水生生态系统				
		1312	城市生态学				
		1313	景观生态学				
		1314	生物多样性保护				
		1315	土壤环境				

一级分类		二级分类		三级分类		四级分类（扩展）	
类别编码	类别名称	类别编码	类别名称	类别编码	类别名称	类别编码	类别名称
21	海洋环境	2110	海洋物理				
		2111	海洋生态学	211110	渤海		
				211111	黄海		
				211112	东海		
				211113	南海		
22	环境地质	2210	工程地质				
		2211	水文地质（地下水）				
23	人群健康	2310	环境医学				
		2311	环境毒理学				
24	环境监测						
25	电磁辐射						
26	环境评价与管理	2610	环境管理				
		2611	环境影响评估				
		2612	环境影响评价				

11.6.8 专家规划管理与区域开发编码

采用四级分类，八位数字编码，每一级采用两位数字。其中，一级主要采用规划类型分类方式；二级分类是在一级分类的基础上进行细分；三级、四级编码是为以后扩展使用。另外，为了编码位数相同，如果分类级别不足四级，后面用零补齐。具体编码见表 11-11。

表 11-11　专家规划管理与区域开发编码

一级分类		二级分类		三级分类（扩展）		四级分类（扩展）	
类别编码	类别名称	类别编码	类别名称	类别编码	类别名称	类别编码	类别名称
50	综合性规划	5010	区域				
		5011	流域				
		5012	海域				
51	专项规划	5110	工业				
		5111	农业				
		5112	畜牧业				
		5113	林业				
		5114	能源				
		5115	水利				
		5116	交通				
		5117	城市建设				

一级分类		二级分类		三级分类（扩展）		四级分类（扩展）	
类别编码	类别名称	类别编码	类别名称	类别编码	类别名称	类别编码	类别名称
51	专项规划	5118	旅游				
		5119	自然资源开发				

11.6.9　专家所学专业编码

参照国家高校专业分类表。

11.6.10　专家工作评价编码

表 11-12　专家工作评价编码

编码	名称	说明
10	优	表现很优秀
20	良	表现良好
30	中	表现一般
40	差	表现较差，不及格

11.6.11　专家参与工作类型编码

表 11-13　专家参与工作类型编码

编码	名称	说明
10	项目评审	参与环评项目评审
20	值班	值班工作
30	培训	担任培训讲师
40	技术咨询	项目技术咨询
50	其他工作	

第 12 章　环评基础数据入库流程及要求设计

12.1　概述

环评基础数据库包含的数据内容众多、数据格式各异、数据来源多样，在环评基础数据库的建设中，必须在统一规范的环评基础数据入库流程和要求的指导下开展数据入库工作，才能够保证入库数据的高质量，才能够保障环评基础数据库建设的高水平。

设计环评基础数据入库流程及要求可以为环评基础数据库设计、开发、管理、维护和应用人员提供指导，规范环评基础数据的入库和管理工作。

环评基础数据入库流程及要求设计说明环评基础数据入库的基本要求、总体流程、流程中各个环节的技术要求、入库成果内容及要求等。

12.2　基本要求

12.2.1　工作方案要求

在进行环评基础数据入库前，必须根据将要入库数据的特点制定科学合理且切实可行的数据入库工作方案。工作方案应规定入库工作的内容、步骤和要求，是数据入库工作的实施指南。数据入库工作必须在工作方案的指导下进行。本设计方案可为工作方案的部分内容提供参考。

12.2.2　人员要求

人员要求包括以下两方面的内容：

（1）人员分工及组织

参加环评基础数据入库的人员包括项目负责人、技术负责人、专业质量检查员和作业员等。项目负责人负责数据入库的组织管理工作；技术负责人负责数据入库的技术支持工作；专业质量检查员主要负责实施质量控制制度，对审核内容进行质量检查；作业员负责具体的数据入库工作。应建立合理的工作计划表，明确人员组织管理和分工职责情况以及入库进度安排情况。工作计划表是具体实施环评基础数据入库的工作依据，入库过程中必须严格遵守执行。

（2）人员技能要求

高素质的参与人员是顺利开展环评基础数据入库的前提条件之一，在入库前，必须对参加入库工作的人员从相应专业基本知识、计算机知识，以及入库内容、处理流程、具体要求、质量控制、工作计划、人员分工与进度安排等方面进行统一的培训。培训完成后，应对参加入库工作的人员进行考核，确保参与人员具备实施入库工作的素质。

12.2.3　软硬件要求

（1）软件要求

准备入库所必需的软件，主要包括操作系统、数据库管理软件以及其他应用软件等。应列出所选用软件清单，描述各软件的主要功能和在数据入库中的用途、软件名称以及版本号等基本信息。

（2）硬件要求

准备入库所必需的硬件，具体包括数据采集、存储、处理及应用硬件，以及网络环境硬件等，主要包括计算机、数据储存设备（如磁盘、光盘等）、数据输入输出设备（如数字化仪、扫描仪、绘图仪、打印机等）、网络设备（如服务器、机柜、交换机、网络集线器、调制解调器、光纤线路、网络线路、UPS 电源等）等。应列出所选用硬件清单，描述对应于相应数据库空间与非空间数据采集、存储、处理及应用、网络环境等设备的名称、功能性能等技术指标，指定具体设备型号。

12.2.4　管理制度要求

应建立培训、记录、报告、协商、安全、控制等方面的管理制度，要归纳记载各种问题及其处理情况，填写作业情况记载表。实现自检、互检、抽检三级质量监控制度，以保证数据库成果质量。

（1）培训制度

对具体入库人员进行入库内容、流程、方法和质量要求等方面的技术培训。

（2）作业记录制度

对入库过程各环节的作业情况进行记录。

（3）作业问题报告制度

对作业过程中的重要问题实行报告制度，及时向技术负责人报告作业中遇到的问题，提出解决办法。

（4）重大问题协商解决制度

对入库过程中遇到的重大问题及时协商解决。

（5）数据安全制度

对入库过程中重要的过程数据和质量控制记录必须保存，以保证数据可追溯查询。同时建立数据安全保密制度，设立专门的安全保密机构，制订相应的安全保密技术措施，确保数据安全。

（6）质量控制制度

对入库过程实行全过程质量控制，主要包括数据源质量控制、数据采集质量控制、数据入库过程质量控制、数据入库成果质量检查和验收等。

12.3　总体流程

环评基础数据入库需要经过五个阶段，如图 12-1 所示，包括数据收集与预处理阶段、数据规范化整理阶段、数据入库阶段、数据质量控制与评价阶段和数据库成果编写阶段。

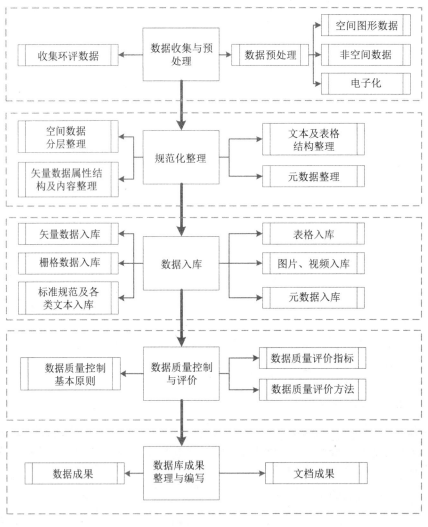

图 12-1　环评基础数据入库技术流程

12.4　数据处理

环评基础数据库的数据源比较多，数据格式差异性大，需要在入库前进行数据的预处理和规范化处理。本节说明环评基础数据入库工作在数据收集与预处理阶段和数据规范化整理阶段的工作内容及要求。

12.4.1　数据预处理

为确保环评基础数据入库质量，必须要对收集的数据进行预处理，预处理数据必须符合一定的要求。

12.4.1.1　数据要求

环评涉及的数据量广泛、数据种类众多，建设高水平的环评基础数据库必须按图12-2 所示的要求选择性地收集数据。

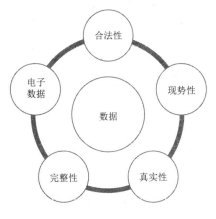

图 12-2　数据要求

（1）合法性

在数据源处理检查的过程中，要求各种基础数据必须具有法律依据或通过检查验收合格。

（2）现势性

在数据采集与处理过程中，根据数据源的类型、时点、介质等方面的具体情况，优先选择能及时地最大限度反映实际情况的数据和资料作为采集数据源。

（3）真实性

在数据和资料合法的前提下，对数据源数据和资料的处理和检查必须有充分可靠的依据。

（4）完整性

在数据源数据和资料处理检查的过程中，指派专人对数据源数据和资料的质量进行严格检查，并按照数据质量要求做好详细记录备案，以备查阅。

（5）优先选择电子数据

根据数据源数据和资料处理的难易程度，在保证其合法性、现势性、真实性和完整性的前提下，优先选择易处理的电子数据，以降低数据电子化、信息化入库工作的难度。

12.4.1.2 数据预处理

数据预处理应该在全面收集数据资料的基础上，对数据资料进行系统的分析研究、综合整理及筛选等。环评所涉及的所有数据资料按其承载的信息内容可以分为空间数据和非空间数据两大类。空间数据包括矢量数据和栅格数据（纸质版和电子版）。非空间数据主要是有关的电子版或纸质版标准规范以及表格、文本、图片、视频等。

（1）空间图形数据

对所收集的环评电子数据中的空间图层数据（矢量和栅格）进行筛选，并严格检查其数据质量，修改处理不正确的空间拓扑关系、不合精度的套合关系、不正确或不统一的数学基础、不合要求的接边关系等问题。

（2）非空间数据

对所收集的环评电子数据中的非空间数据进行筛选，包括标准规范以及表格、文本、图片、视频等。综合分析研究空间图形数据的属性能否从相对应的附表、成果附表或文本得到信息。

（3）电子化

对纸质的空间矢量数据采用图形扫描矢量化，经过点线编辑、图面检查、图形校正、建立拓扑等过程完成。对纸质的栅格数据进行扫描电子化，经过几何纠正、图像配准等过程完成。对纸质的空间属性数据通过扫描、识别、录入和检查等过程完成。对纸质的文本档案盒标准规范数据通过扫描、识别、检查等过程完成。电子化过程主要针对历史数据的整理，新增数据应主要通过系统设计和功能建设，随着业务直接完成入库工作。

12.4.2 数据规范化

12.4.2.1 空间数据分层整理

对涉及环评的矢量和栅格数据按要素进行分层整理，规范分层文件命名。对矢量数据的拓扑关系进行检查，对栅格数据进行质量检查，对两者的空间参考进行检查，使空间数据精度和内容达到入库要求。

12.4.2.2 矢量数据属性结构及内容整理

按照项目环评技术要求修改和完善矢量数据的属性结构，并填写录入属性值。属性的录入可以在 GIS 软件中进行，也可在数据库管理软件中直接录入，经属性一致性、正确性和完整性检查后，再与图形库挂接。

12.4.2.3 文本及表格结构整理

按照环评导则文件的要求修改，将各种标准规范、法律法规文件组织成正式文件格式；环评涉及的各类文本、各种表格结构进行整理，形成统一、规范的格式。

12.4.2.4 元数据整理

对环评基础数据的元数据进行整理，具体入库时可在参考环评信息核心元数据设计基础上进行调整。

12.5　数据入库

数据入库是将相关数据导入环评基础数据库的过程。历史数据应通过确保质量的整理工作，"导入"到数据库中，新数据应通过业务系统自动流转到数据库中。从数据内容上看，需要入库的数据包括环境影响报告书数据、重点行业环评指标数据、环境敏感区数据、法律法规数据和环评专家数据等；从数据格式上看，需要入库的数据包括矢量数据、栅格数据、标准规范及各类文本、表格数据、图片数据、视频数据以及元数据。入库前，要编制具体的入库规范，入库时要遵循相关规范。

12.5.1　按数据内容入库

12.5.1.1　环境影响报告书数据

入库的内容包含报告书基本信息、报告书附件材料、字典编码数据、环境影响报告书全文数据等。

12.5.1.2　重点行业环评指标数据

入库的内容主要为重点行业环评指标数据，一般包括项目概况、工艺特征、评价等级、环境现状、环境影响、防治措施、评价结论等内容，具体内容应根据具体行业来确定。

12.5.1.3　环境敏感区数据

入库内容包括特殊保区数据、生态敏感与脆弱区数据、社会关注区数据。例如，饮用水水源保护区、自然保护区、风景名胜区、生态功能保护区、沙尘暴源区、荒漠中的绿洲、严重缺水地区、珍稀动植物栖息地、疗养地、医院等。

12.5.1.4　法律法规及标准规范数据

入库内容包含法律法规数据、标准导则数据、产业政策数据。这三种数据库均应包含基本信息（标题、文号、颁布日期、法规层次、实施日期、颁布单位、时效性等）、法律法规及标准全文信息、法律法规及标准之间的关联信息和与项目之间关联信息。

12.5.1.5　环评专家数据

入库内容包含常聘专家、临时专家、备用专家和历史（资料）专家四类专家的基本信息和业务信息。

12.5.2　按数据类型入库

依据数据类型的不同，对已经完成数据入库前预处理和规范化整理的各类数据分别入库，如图 12-3 所示。

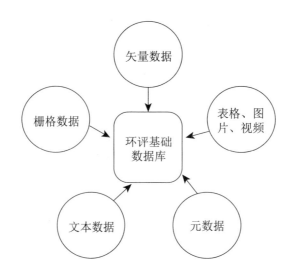

图 12-3 各类数据分别入库

12.5.2.1 矢量数据入库

依据参数设置的要求，向数据库管理系统中输入各种参数；对不同数据图层的数据建立索引；各要素数据可分层入库，也可批量入库；对于多尺度空间数据库应设置连接参数，便于不同比例数据的显示。

12.5.2.2 栅格数据入库

入库的栅格数据可以归纳为三种类型：DEM、DOM、DRG，根据这三种类型的数据内容，分别向数据库管理系统中输入各种参数；对数据进行组织，建立索引库；按分图幅或分区域进行入库，批量或手工转入栅格数据。

12.5.2.3 标准规范及各类文本入库

标准规范及各类文本可以通过两种方式入库，一种是文件的方式，将标准规范或文本以文件的形式存储在数据库所在计算机磁盘上，数据库中需要提供文件所在磁盘具体路径或链接；另一种是通过字段内容的形式，在数据库中建立大字段类型，将标准规范或文本电子文件大字段的形式存入数据库中。入库时首先依据入库的方式设置数据库管理系统的各种参数，再将标准规范和文本入库，最后建立查询和全文检索。

12.5.2.4 表格入库

环评相关表格可以通过两种方式入库，一种是以文件的形式将表格存储在数据库所在计算机磁盘上，数据库中需要提供文件所在磁盘具体路径或链接；另一种是通过数据库管理系统在数据库中建立与表格形式相同的数据库表，再将表格的具体内容录入数据库中。

12.5.2.5 图片、视频入库

图片和视频一般比较大，不宜直接以大字段的形式存储在数据库表相应的字段中，建议在表字段中保存相对路径。

12.5.2.6　元数据入库

按照元数据内容的要求，设置好数据库的各种参数，直接利用数据库管理系统导入各种元数据，然后对元数据建立索引。

12.6　质量控制与评价

对数据质量进行控制，并开展针对性的评价，是保证环评基础数据科学、准确、可用的基础性工作，也是不可或缺的工作。

12.6.1　数据质量控制

数据质量是一个综合性、多维度的概念，需要从多角度来衡量其基本质量要素，如适用性、准确性、适时性、完整性、一致性和可比性等。数据质量控制就是通过科学的方法，针对数据质量的关键性问题予以精度控制和规范控制，以保证数据的质量。

12.6.1.1　数据质量控制原则

数据质量控制要遵循以下基本原则：

（1）统一标准原则

入库的数据内容、分层、结构、质量要求等要严格依据相关规定。

（2）过程控制原则

要对数据收集与预处理、数据规范化整理、数据入库等过程中的每一个重要环节进行检查控制与记录，以免环节出错造成误差传递、累加等，同时要保证过程的可逆性。

（3）持续改进原则

应遵循持续改进原则，使其贯穿数据采集、检查、入库等各环节中，不断优化各环节的数据，保障数据质量。

（4）质量评定原则

对数据库中的数据进行质量评定，及时、准确地掌握数据的质量状况，及时发现存在的问题，保证成果的质量。

12.6.1.2　数据更新质量控制策略

质量控制贯穿整个数据入库流程，控制方案的科学性和可行性是最终保证数据质量的前提。科学、合理、可行的质量控制应在充分分析现实情况的基础上，根据现有的计算机软硬件条件、时间、人员等情况提出切实可行的质量控制策略，一般包括：

（1）人员自检

对数据入库过程中的阶段性成果，由作业人员根据情况自行进行检查，只有自检后的成果才能提交到下一步作业人员互检。

（2）人员互检

对经过作业人员自检后的数据，采用作业人员交叉互检的方式进行复检，以确保数据质量。对不符合要求的数据需进行记录，并返回原作业人员整改。

（3）抽检

由组长对经过作业人员互检后的数据进行抽检，对不符合要求的数据需进行记录，并返回原作业人员整改。

（4）人员检查

专业人员检查分为空间位置检查和属性检查。

对一些精度要求较高的数据，可聘请具有测绘资质的专业公司或单位进行检查，并由相关单位出具数据基础报告。对涉及环保专业数据的属性信息，可由相关管理部门进行属性确认，并出具相关证明。

12.6.2 数据质量评价

数据质量评价是对数据质量进行评估的方法和过程，经检查应对每个质量元素进行说明，并给出总的评价，最后形成数据质量评价报告。

12.6.2.1 数据质量评价指标

采用统一的评价指标进行成果质量评价，环评数据质量评价指标见表 12-1，数据缺陷分类见表 12-2。

表 12-1　数据质量评价指标

数据类型	检查内容	质量控制指标要求
空间数据	必选图层的数量	数量齐全，无遗漏
	数学基础	投影方式、参考基准符合规范
	图形精度	套合精度、平面精度、接边精度、高程精度、分辨率
	文件命名	文件命名规范、表达清晰
	属性	属性值正确，属性项类型完备
	注记	注记位置、内容正确
	分层	数据分层合理规范
	图形与属性	图形要素与属性表记录对应
	拓扑关系	面面、面线、面点、线点、线线拓扑关系正确；多边形闭合、结点匹配
	数据接边	自然接边，逻辑是否无缝，不存在缝隙和重叠现象
文本数据	报告完整性	报告结构完整
	报告的要点	描述准确、观点明确
	报告的内容	文档资料数量齐全，内容齐全，格式规范，逻辑清楚描述准确，元数据正确完整
表格数据	表格种类	表、卡、册、证、簿齐全
	表格格式	格式规范
	表格内容	表格种类齐全，格式符合要求，数据正确；统计汇总表格式符合要求，数据逻辑一致性关系正确
	统计汇总表	准确无误
	输出	标准规范

表 12-2　数据缺陷分类

数据类型	严重缺陷	重缺陷	轻缺陷
空间数据	1.DRG 数据不清晰，不能够准确区分图内各要素； 2. 图廓点、控制点坐标值与理论值不符； 3. 空间定位参考系统错误	1. 地物点平面位置误差超限，一处计为 1 个； 2. 行政区及权属几何图形不接边或属性不接边； 3. 计算的地类图斑面积之和与控制面积不一致	1. 要素几何图形不接边或属性不接边，一处计为 1 个； 2. 不属于前两类缺陷的问题
	要素属性结构有误或有遗漏	属性数据错、漏	属性值错
	数据拓扑关系未建立或建立错误	1. 面状要素未封闭，两处计为 1 个； 2. 面状要素无标识点或不只一个标识点，两处计为 1 个； 3. 行政区要素层中有碎片多边形； 4. 数据层间的拓扑关系不正确，五处计为 1 个	1. 出现悬挂节点、节点匹配精度超限等，五处计为 1 个； 2. 同一要素重复输入； 3. 要素间关系不合理； 4. 有向要素方向有误； 5. 线划错误打断
文本数据	1. 报告、说明书等文档不齐全； 2. 报告内容缺漏，逻辑不清楚； 3. 技术路线、方法不符合标准	1. 报告、说明书格式不符合要求； 2. 数据不准确	1. 元数据文件中漏或错信息，两项计为 1 个； 2. 报告、说明书过于简单，逻辑不清楚； 3. 不属于前两类缺陷的问题
表格数据	1. 表格数据不完整 2. 表格结构不符合要求； 3. 表格内容不符合要求； 4. 表格格式不规范	1. 表格内容一处不正确，计为 1 个； 2. 表格逻辑关系　处不正确，计为 1 个	不属于前两类缺陷的问题

12.6.2.2　数据质量评价方法

（1）单项质量评价

根据缺陷分类对单项数据进行评价，单项数据缺陷分为严重缺陷、重缺陷和轻缺陷三类。

①缺陷扣分值

- 严重缺陷的扣分值为 12 分；

- 重缺陷的扣分值为 10 分；

- 轻缺陷的扣分值为 2 分。

②单项数据质量评价方法

- 采用百分制表征单项数据的质量水平；

- 采用缺陷扣分法综合计算单项数据得分。

③单项数据质量评价等级的划分

- 优良：80 ~ 100 分；

- 合格：60 ~ 79 分；

- 不合格：$0 \sim 59$ 分。

（2）综合评价

根据单项数据质量评价的结果，综合确定环评数据的总体质量，评价方法如下：

①优良

- 空间数据质量评价优良；
- 文字数据质量评价优良；
- 表格成果质理评价优良。

②合格

有一项数据评定为合格，其他成果评定为优良或合格。

③不合格

有一项数据评定为不合格。

12.7 数据入库成果

在环评基础数据入库阶段工作基本完成后，最后还需编写或整理相关数据入库成果，主要包括数据成果和文档成果。

（1）**数据成果**

建立环评基础数据库，将相关的环评数据进行预处理和规范化整理后入库，形成最终的数据库电子文件实体。数据库中数据所涵盖范围以满足实际应用要求为准。

（2）**文档成果**

文档成果包括环评基础数据库入库产生的管理文档和技术文档，以及相关说明和记录文档。

第13章 重点行业环评指标数据库功能设计

13.1 概述

重点行业环评指标数据是反映建设项目及其对环境影响、保护等方面重要信息的数据，一般包括项目概况、工程特性、评价等级、环境现状、环境影响、环保措施、评价结论等，这些数据能够为环境管理决策提供重要支撑，重点行业环评指标数据库管理系统是采集、管理和维护这些数据，并利用这些数据服务环境管理决策的软件工具。

设计重点行业环评指标数据库管理系统的功能，可为重点行业环评指标数据库管理系统设计、开发、测试、管理、维护和应用人员提供指导，规范重点行业环评指标数据的采集、存储、管理和应用。

重点行业环评指标数据库管理系统功能设计从需求调研和用户分析出发，设计重点行业环评指标数据库管理系统的功能体系，说明功能模块之间的关系，描述各功能模块包含的具体功能点及其作用。

13.2 需求调研

调研分析重点行业环评指标数据库管理系统的用户需求，通常来讲用户需求包括三个方面，一是对建设项目环评指标数据进行录入、管理和维护，二是对重点行业建设项目时空分布、工艺参数及采取的环保措施以及评估情况进行统计汇总，以便不断积累和掌握经验，为更好地做好建设项目技术评估作准备，三是对所有重点行业建设项目技术评估情况进行统计，为相关技术导则、标准规范等的修订提供基础，同时也为国家重点行业建设项目宏观布局、工艺水平、环保措施等方面的宏观决策信息提供支撑。

13.3 用户分析

重点行业环评指标数据库管理系统用户及相应描述见表 13-1。

表 13-1　重点行业环评指标数据库管理系统用户描述

序号	用户	用户描述
1	超级管理员	具有系统所有的权限，包括系统管理、数据管理以及环评指标查询检索、统计汇总的权限
2	系统管理员	负责系统的运行维护、系统用户及其权限的管理、环评指标及其字典表的管理等
3	数据管理员	数据管理员负责环评指标信息的录入与更新维护
4	一般用户	所有在系统中注册的用户，具有环评指标查询检索和统计汇总权限

13.4　功能体系

重点行业环评指标数据库管理系统主要包括五大功能模块：用户管理与登录认证、环评指标库系统管理、环评指标信息录入与维护、环评指标信息查询检索和环评指标统计汇总，功能模块体系结构如图 13-1 所示。

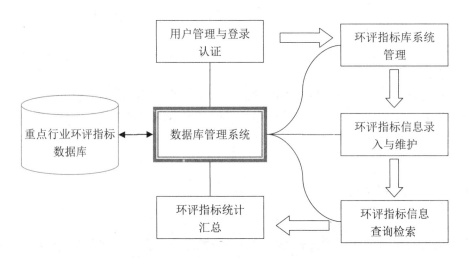

图 13-1　环评指标库系统功能体系结构

各功能模块之间的关系：所有的系统操作都要求进行登录认证，因此系统首先需要通过用户管理与登录认证功能模块分配用户、对用户的权限进行设置以及完成用户的登录认证功能；登录认证后，系统管理员可以进行环评指标库系统管理，对数据库连接参数、各类环评指标及其值域或系统字典表进行管理；数据管理员则可以进行重点行业建设项目指标信息的录入与更新维护；在此基础上，环评技术与评估管理人员就可以进行环评信息的查询检索，并最终完成环评指标信息的统计汇总。

13.5　功能模块

13.5.1　用户管理与登录认证模块

该功能模块实现对系统用户及其角色、权限进行管理，提供用户登录与权限认证的功能。该功能模块可直接采用现有系统中的用户登录与权限认证功能模块，实现统一的用户管理，在本系统实现用户的单点登录。

13.5.2　环评指标库系统管理

该功能模块实现重点行业环评指标数据库各类环评指标及其缺省值域（如建设项目性质等）、系统基础信息编码（如行政区划代码等）等数据字典的管理和维护，一般包括以下具体功能：

（1）环评指标管理：对已有环评指标长度、可选性等进行管理，允许添加环评指标，但不允许进行环评指标的删除。

（2）字典编码管理：对环评指标值域以及其他系统字典表进行管理。

13.5.3　环评指标信息录入与维护

该功能模块实现建设项目各类环评指标（项目概况、工程特性、评价等级、环境现状、环境影响、环保措施、评价结论）的录入、更新与管理，一般包括以下具体功能：

（1）新增环评指标：录入新的重点行业建设项目环评指标。

（2）环评指标更新：对已有建设项目环评指标进行编辑修改。

（3）环评指标删除：删除已有建设项目环评指标记录。

13.5.4　环评指标查询检索

该功能模块提供基于目录导航、关键词查询等方式的建设项目环评指标信息的检索和查看，一般包括以下具体功能：

（1）环评指标查询检索：提供目录导航、关键词的环评指标查询检索功能。

（2）环评指标查看浏览：具体查看指定建设项目详细的环评指标信息。

（3）环评指标相关材料查看：提供建设项目环评指标相关附件等材料的查看浏览功能。

13.5.5　环评指标统计汇总

该功能模块基于地域和时间序列，对建设项目的项目概况、工程特性、评价等级、环境现状、环境影响、环保措施、评价结论等指标进行统计汇总，一般包括以下具体功能：

（1）建设项目特征信息统计：对某一行业类别，按建设项目特征信息对建设项目的时空分布进行统计。

（2）建设项目区域环境统计：对某一行业类别，按区域环境对建设项目的时空分布进行统计。

（3）建设项目环境影响统计：对指定时间段指定行政区建设项目环境影响进行统计。

（4）总量控制信息统计：对指定时间段指定行政区建设项目总量控制情况进行统计。

第 14 章　环评数字地图可视化符号设计

14.1　概述

环评基础数据库中包含了大量的空间数据，如何将空间数据在数字地图上进行可视化展示并达到较好的视觉效果，是环评基础数据库建设与应用过程中需要解决的重要问题。

设计环评数字地图可视化符号，对于指导环评基础数据的数字地图符号设计、建设与应用，规范环评基础数据空间信息的可视化表达具有重要意义。

环评数字地图可视化符号设计参考《国家基本比例尺地图图式》（GB/T 20257.4—2007），设计环评基础数据库数字地图符号体系，重点介绍环评数字地图符号的分类、定位、颜色、方向、大小等，并说明设计环评基础数据库数字地图符号应遵循的原则和要求。

14.2　符号的分类与定位

14.2.1　符号的分类

（1）依比例尺符号

地物依比例尺缩小后，其长度和宽度能依比例尺表示的地物符号。

（2）半依比例尺符号

地物依比例尺缩小后，其长度能依比例尺而宽度不能依比例尺表示的地物符号。

（3）不依比例尺符号

地物依比例尺缩小后，其长度和宽度不能依比例尺表示。

14.2.2　定位符号的定位点和定位线

（1）符号图形中有一个点的，该点为地物的实地中心位置。

（2）圆形、正方形、长方形等符号，定位点在其几何图形的中心。

（3）宽底符号定位点在其底线中心。

（4）几种几何图形组成的符号定位点在其下方图形的中心点或交叉点。

（5）线状符号定位线在其符号的中轴线；依比例尺表示时，在两侧线的中轴线。

14.3 数字地图颜色、方向和大小

环评基础数据库数字地图符号采用 RGB 色彩模型，符号设计按规定 RGB 色值进行配色。

14.3.1 符号的方向、大小

符号除简要说明中规定按其真实方向表示外，均垂直于向上。符号大小单位为磅（1 磅＝ 0.353 毫米＝ 0.035 3 厘米）。

14.3.2 标注的配置

标注按级别字体由大到小标注。颜色以黑色为主，适当配以其他色。

14.4 基本原则

（1）标准化原则
符号的设计及相关配置方法尽可能以国家标准和其他规范性文件为依据。
（2）美观性原则
顾及数据地图需自由缩放的特点，符号的设计与配置要充分考虑综合视觉效果，做到美观大方。

14.5 可视化符号设计

14.5.1 1∶25 万地形图数据可视化符号设计

1∶25 万地形图数据可视化符号的名称、样式及符号类型和色值可采用表 14-1 所列对应内容。

表 14-1　1∶25 万地形图数据可视化符号设计

序号	符号名称	符号式样	符号类型、色值
一、水系			
1	地面河流		符号类型：面 填充方式：简单填充 填充颜色：(115,178,255) 轮廓颜色：(0,112,255) 轮廓宽度：1.00

序号	符号名称	符号式样	符号类型、色值
2	湖泊、池塘		符号类型：面 填充方式：简单填充
3	水库		填充颜色：（115,178,255） 轮廓颜色：（0,112,255） 轮廓宽度：1.00
	水库坝		符号类型：线 样式：实线 颜色：坝（205,81,90）、泉（115,223,255）、 水闸和丛礁（130,74,0） 宽度：1.00
4	丛礁		
5	泉		
6	水闸		
7	水中滩		符号类型：面 填充方式：图片填充
8	沼泽		前景颜色：（64,101,235） 背景颜色：水中滩（151,219,242）、沼泽 （255,255,255） 轮廓颜色：无 轮廓宽度：0.40
二、居民点及设施			
1	居民点	★首都 ◉ 省、自治区、直辖市 ◎ 地级市驻地、地区、自治州、 盟驻地 ○ 县级市 乡和村无符号表示	符号类型：点 颜色：首都（0,0,0）；省、县（204,204,204）； 地级市（0,0,0） 大小：首都 15；省、地、县 8
2	盐田		符号类型：面 填充方式：线填充 颜色：（178,178,178）
三、交通			
1	铁路		符号类型：线 颜色：（178,178,178） 宽度：1.50 间隔：4.00
2	火车站	□	符号类型：点 颜色：（178,178,178） 大小：7.00
3	国家干线公路		符号类型：线 颜色：内部（255,127,127），边（255,0,0） 宽度：1.00
4	省干线公路		符号类型：线 颜色：内部（255,214,79），边（255,85,0） 宽度：1.00

序号	符号名称	符号式样	符号类型、色值
5	草绘省干线公路		符号类型：线 颜色：内部（255,135,175），边（255,170,0） 宽度：1.00
6	县、乡及其他公路		符号类型：线 颜色：（204,204,204） 宽度：1.00
	草绘县、乡及其他公路		符号类型：线 颜色：（255,167,127） 宽度：1.00
	主要街道中心线		符号类型：线 颜色：（230,152,0） 宽度：1.50
7	大车路		符号类型：线 颜色：（130,130,130） 宽度：1.10
8	乡村路		符号类型：线 样式：虚线；短线长 10 点、间隔 2 点 颜色：（130,130,130） 宽度：1.0
9	小路		符号类型：线 样式：虚线；短线长 5 点、间隔 1 点 颜色：（104,104,104） 宽度：0.8
10	山隘	✕	符号类型：点 颜色：（0,0,0） 大小：13.00
11	公路桥		符号类型：线 颜色：（138,0,87） 宽度：1.0
12	码头		符号类型：点 颜色：（104,104,104） 大小：6.00
13	轮船停泊场		符号类型：点 颜色：前景（0,0,0）；背景（130,130,130） 大小：14.00
14	飞机场		符号类型：点 颜色：前景（0,0,0） 大小：14.00
四、境界			
1	省级行政区界线		符号类型：线 样式：虚线 长度：长线长 6 点、间隔 1 点、短线长 2 点 颜色：前景（0,0,0）；背景（255,190,190） 宽度：2.00

序号	符号名称	符号式样	符号类型、色值
2	地级行政区界线		符号类型：线 样式：虚线 长度：长线长 6 点、间隔 1 点、短线长 2 点 颜色：前景（130,130,130）；背景（232,190,255） 宽度：2.00
3	县级行政区界线		符号类型：线 样式：虚线 长度：长线长 6 点、间隔 1 点、短线长 2 点 颜色：（156,156,156） 宽度：1.00

五、地貌

序号	符号名称	符号式样	符号类型、色值
1	等高线		符号类型：线 颜色：按海拔范围设色 −4 000～0 米（212,242,196） 0～2 000 米（231,247,195） 2 000～3 000 米（248,250,192） 3 000～4 000 米（252,240,187） 4 000～5 000 米（247,222,178） 5 000～6 000 米（242,213,179） 6 000～7 000 米（247,232,215） 7 000～9 000 米（255,255,255） 宽度：1.00
2	沙地		符号类型：面 填充方式：图片填充 前景颜色：（255,85,0） 背景颜色：（255,255,255） 轮廓颜色：无
3	雪被		符号类型：面 填充方式：图片填充 前景颜色：（23,168,232） 背景颜色：（255,255,255） 轮廓颜色：无
4	冰川		符号类型：面 填充方式：图片填充 前景颜色：（151,219,242） 背景颜色：（255,255,255） 轮廓颜色：无

六、注记

1.居民点标注

序号	符号名称	符号式样	符号类型、色值
1	首都		字体：粗黑体 大小：10 颜色：（0,0,0）

序号	符号名称	符号式样	符号类型、色值
2	省级政府驻地	广州市	字体：微软雅黑 大小：11 颜色：(0,0,0)
3	地级政府驻地市	中山市	字体：微软雅黑 大小：11 颜色：(115,115,0)
4	县级政府驻地	邻水县	字体：微软雅黑（115,76,0） 大小：10 颜色：(78,78,78)
5	乡、镇、国有林场等	城南镇	字体：微软雅黑 大小：9 颜色：(0,0,0)
6	村庄	云安村	字体：微软雅黑 大小：8.5 颜色：(130,130,130)

2. 地理名称注记

序号	符号名称	符号式样	符号类型、色值
1	河流注记	劳河	字体：斜宋体 大小：10 颜色：(0,112,225)
	湖泊水库	东平湖	字体：斜仿宋体 大小：12 颜色：(0,112,255)
2	山脉群岛海口等名称	猎纳园	字体：斜黑体 大小：9 颜色：(78,78,78)
3	山隘码头轮船停泊场等标注	阿舒苏达坂 ×	字体：微软雅黑 大小：9 颜色：(78,78,78)

14.5.2 环境敏感区数字地图可视化符号设计

一般要求：

（1）如该类型有特定的宣传图标，则可视化符号采用该图标式样。

（2）如果没有特定的宣传图标，则采用意义接近的图样进行符号可视化设计。

（3）面填充符号一般采用透明图片符号代替简单颜色填充，以避免图层间的内容遮蔽覆盖。

环境敏感区数字地图可视化符号的名称、样式及符号类型和色值可采用表 14-2 所列对应内容。

表 14-2　环境敏感区数字地图可视化符号设计

序号	符号名称	符号式样	符号类型、色值
1	自然保护区	回 国家级 回 省级 回 县级	符号类型：点（不依比例尺） 颜色：国家级：(255,0,0) 省级：(76,230,0) 县级：(0,56,147) 大小：8
2	森林公园		符号类型：点（不依比例尺） 颜色：(38,115,0) 大小：8
3	国家重点文物保护单位分布		符号类型：点（不依比例尺） 颜色：(255,0,0) 大小：8
4	国家风景名胜区分布		符号类型：点（不依比例尺） 颜色：(255,0,0) 大小：8
5	历史文化保护地分布		符号类型：点（不依比例尺） 颜色：(242,20,69) 大小：8
6	中国世界遗产地分布		符号类型：点（不依比例尺） 颜色：(0,56,147) 大小：14
7	国家地质公园分布		符号类型：点（不依比例尺） 颜色：(图片标记符号) 大小：14
8	珊瑚礁		符号类型：点（不依比例尺） 颜色：(242,20,69) 大小：20
9	珍稀动植物栖息地		符号类型：点（不依比例尺） 颜色：(168,56,0) 大小：20
10	重要湿地分布	人工湿地 内陆湿地 滨海湿地	符号类型：面 填充方式：线填充 前景色：(78,78,78) 背景色：无 轮廓线型：点线（虚线） 轮廓线宽度：1.00 轮廓线颜色：(78,78,78)
11	红树林分布		符号类型：面 填充方式：透明图片填充
12	热带雨林分布		前景色：(78,78,78) 背景色：无 轮廓线型：点线（虚线）
13	沙漠中绿洲分布		轮廓线宽度：1.00 轮廓线颜色：(78,78,78)

序号	符号名称	符号式样	符号类型、色值
14	沙尘暴源地分布		符号类型：面 填充方式：线填充 前景色：（78,78,78） 背景色：无 轮廓线型：点线（虚线） 轮廓线宽度：1.00 轮廓线颜色：（78,78,78）
15	天然林分布		符号类型：面 填充方式：图片填充 前景色：（38,115,0） 背景色：无 轮廓线型：点线（虚线） 轮廓线宽度：1.00 轮廓线颜色：（78,78,78）
16	严重缺水区分布	中温带半干旱地区 中温带干旱地区 暖温带半干旱区 暖温带干旱地区 高原亚寒带半干旱区 高原亚寒带干旱区 高原温带半干旱区 高原温带干旱区	符号类型：面 填充方式：透明色填充 前景色： 中温带半干旱地区：（235,219,82） 中温带干旱地区：（160,250,188） 暖温带半干旱区：（224,96,178） 暖温带干旱地区：（103,128,56） 高原亚寒带半干旱区：（90,242,92） 高原亚寒带干旱区：（47,116,135） 高原温带半干旱区：（102,89,247） 高原温带干旱区：（237,172,254） 轮廓线型：虚线 轮廓宽度：1.0 轮廓颜色：（110,110,110）
17	生态功能区划	农产品 水土保持 大都市群 林产品 水源涵养 洪水调蓄 生物多样 重点城镇 防风固沙	符号类型：面 填充方式：透明图片 符号颜色 农产品提供：（0,0,0） 土壤保持：（0,0,0） 大都市群：（0,0,0） 林产品提供：（0,0,0） 水源涵养：（0,0,0） 洪水调蓄：（0,0,0） 生物多样性保护：（0,0,0） 重点城镇群：（0,0,0） 防风固沙：（0,0,0） 轮廓线型：实线 轮廓宽度：1.0 轮廓颜色：（0,0,0）

序号	符号名称	符号式样	符号类型、色值
18	水土流失重点防治区分布	治理区 监督区 预防保护	符号类型：面 填充方式：透明图片 符号颜色： 国家级重点治理区：（0,0,0） 国家级重点监督区：（64,101,245） 国家重点预防保护区：（0,0,0） 轮廓线型：实线 轮廓宽度：0.40 轮廓颜色：（0,0,0）
19	政府办公地		符号类型：点（不依比例尺） 颜色：（255,0,0） 大小：12
20	文教区		符号类型：点（不依比例尺） 颜色：背景（0,169,230），前景（255,255,255） 大小：12
21	医院		符号类型：点（不依比例尺） 颜色：背景（255,0,0），前景（255,255,255） 大小：12
22	疗养院		符号类型：点（不依比例尺） 颜色：圆（56,168,0）和十字（0,255,0） 大小：12
23	其他人口密集区		符号类型：点（不依比例尺） 颜色：（255,85,0） 大小：5

14.5.3　建设项目项目位置点可视化符号设计

建设项目项目位置点符号的名称、样式及符号类型和色值可采用表 14-3 所列对应内容。

表 14-3　建设项目项目位置点可视化符号设计

序号	符号名称	符号式样	符号类型、色值
1	在审项目		圆点（255,0,0）
2	今年项目		圆点（255,255,0）
3	项目查询结果		水泡状图形表示（255,0,0） 字母表示对项目查询结果的计数排序
4	项目统计		柱状统计图表示（128,128,255）

14.5.4　大气环境污染物浓度和排放强度等可视化设计

大气环境数据包含污染物（SO_2、NO_2、PM_{10}、$PM_{2.5}$）现状年均浓度分布、排放强度和预测，涉及符号的名称、样式及符号类型和色值可采用表 14-4 所列对应内容。

表 14-4　大气环境污染物浓度和排放强度等可视化设计

序号	符号名称	符号式样	符号类型、色值
1	SO_2 现状年均浓度分布	单位：mg/m^3 40　1 35　0.5 30　0.2 25　0 20 15 10 6 3	色阶表示，从小到大由冷色向暖色过渡
2	NO_2 现状年均浓度分布	单位：mg/m^3 1.3　39 3.9　45 7.0　53 11　66 15 19 24 30 34	色阶表示，从小到大由紫色然后青色然后黄色，最后过渡到红色
3	PM_{10} 现状年均浓度分布	单位：mg/m^3 3.8　94 9.2　107 15　123 24　154 33 43 54 67 80	色阶表示，从小到大由紫色然后青色然后黄色，最后过渡到红色
4	$PM_{2.5}$ 现状年均浓度分布	单位：mg/m^3 2.8　68 7.5　76 13　86 21　109 28 34 41 50 59	色阶表示，从小到大由紫色然后青色然后黄色，最后过渡到红色

序号	符号名称	符号式样	符号类型、色值
5	SO₂ 排放强度	单位：t/km² 0.8　28 2.6　32 4.8　41 7.3　51 10 13 16 20 23	色阶表示，从小到大由紫色然后青色然后黄色，最后过渡到红色
6	NO₂ 排放强度	单位：t/km² 0.1　2.2 0.2　2.8 0.3　3.7 0.5　4.6 0.7 0.9 1.2 1.4 1.8	色阶表示，从小到大由紫色然后青色然后黄色，最后过渡到红色
7	污染物预测分析结果	单位：μg/m³ 1.3　13.2 2.7　14.5 4.0　15.8 5.3　17.1 6.6　18.4 7.9　19.7 9.2 10.5 11.8	色阶表示，从冷色过渡到暖色
8	总量指标		用箭头表示污染源和影响方向

第三篇　应用案例

第 15 章　环保法律法规数据库应用案例

15.1　环保法律法规及标准导则数据录入维护

用户访问环保法律法规数据库应用系统网站，登录后的系统界面如图 15-1 所示。

图 15-1　环保法律法规数据库应用系统界面

　　管理员用户点击图 15-1 所示界面下方的"进入后台"按钮，跳转到如图 15-2 所示的环保法律法规数据库管理系统，该系统提供环保法律法规数据录入、编辑修改、录入

图 15-2　环保法律法规数据库管理系统界面

数据审核发布、系统参数维护、用户信息维护和附件管理等功能。

数据管理员用户点击图 15-2 所示界面右上角"添加新数据"按钮，进入图 15-3 所示的环保法律法规数据录入界面，通过填写法律法规或标准导则基本信息、相关信息和完成确认三个步骤后，所填写的内容将自动归类到待审法律法规栏目，并由超级管理员审核后发布到环保法律法规数据库应用系统供普通用户查阅浏览。

图 15-3　环保法律法规数据录入界面

数据管理员还可以点击图 15-2 所示界面右侧的"编辑"按钮，对已有的环保法律法规数据记录进行编辑修改，修改后的结果也将自动归类到待审法律法规栏目，并由超级管理员审核后发布。

超级管理员用户可以点击图 15-2 所示界面左侧的"待审核法律法规"按钮，对栏目类的数据进行浏览、修改和审核确认。超级管理员用户还可以点击图 15-2 所示界面左侧的"系统参数维护"按钮，对系统的字典编码信息进行维护，如图 15-4 所示，供维护的

图 15-4　系统参数维护界面

内容包括标准号、法律法规及标准导则发布部门、涉及的行业类别、分类体系等。

15.2　环保法律法规及标准导则数据浏览下载

环保法律法规数据库应用系统提供基于目录导航的法律法规及标准导则数据浏览和下载功能。用户点击图 15-1 所示的“浏览所有”按钮，进入如图 15-5 所示的数据浏览界面。

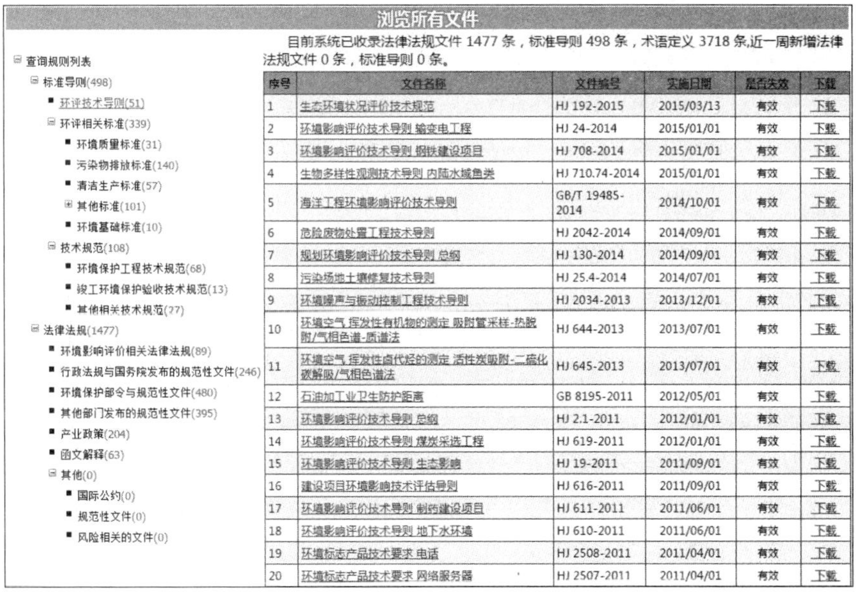

序号	文件名称	文件编号	实施日期	是否失效	下载
1	生态环境状况评价技术规范	HJ 192-2015	2015/03/13	有效	下载
2	环境影响评价技术导则 输变电工程	HJ 24-2014	2015/01/01	有效	下载
3	环境影响评价技术导则 钢铁建设项目	HJ 708-2014	2015/01/01	有效	下载
4	生物多样性观测技术导则 内陆水域鱼类	HJ 710.74-2014	2015/01/01	有效	下载
5	海洋工程环境影响评价技术导则	GB/T 19485-2014	2014/10/01	有效	下载
6	危险废物处置工程技术导则	HJ 2042-2014	2014/09/01	有效	下载
7	规划环境影响评价技术导则 总纲	HJ 130-2014	2014/09/01	有效	下载
8	污染场地土壤修复技术导则	HJ 25.4-2014	2014/07/01	有效	下载
9	环境噪声与振动控制工程技术导则	HJ 2034-2013	2013/12/01	有效	下载
10	环境空气 挥发性有机物的测定 吸附管采样-热脱附/气相色谱-质谱法	HJ 644-2013	2013/07/01	有效	下载
11	环境空气 挥发性卤代烃的测定 活性炭吸附-二硫化碳解吸/气相色谱法	HJ 645-2013	2013/07/01	有效	下载
12	石油加工业卫生防护距离	GB 8195-2011	2012/05/01	有效	下载
13	环境影响评价技术导则 总纲	HJ 2.1-2011	2012/01/01	有效	下载
14	环境影响评价技术导则 煤炭采选工程	HJ 619-2011	2012/01/01	有效	下载
15	环境影响评价技术导则 生态影响	HJ 19-2011	2011/09/01	有效	下载
16	建设项目环境影响技术评估导则	HJ 616-2011	2011/09/01	有效	下载
17	环境影响评价技术导则 制药建设项目	HJ 611-2011	2011/06/01	有效	下载
18	环境影响评价技术导则 地下水环境	HJ 610-2011	2011/06/01	有效	下载
19	环境标志产品技术要求 电话	HJ 2508-2011	2011/04/01	有效	下载
20	环境标志产品技术要求 网络服务器	HJ 2507-2011	2011/04/01	有效	下载

图 15-5　基于目录导航的数据浏览界面

点击图 15-5 所示界面左侧的法律法规及标准规范类别目录，系统将在界面右侧自动以列表的形式显示对应条目下的数据，显示的内容包括文件名称、文件编号、实施日期、目前是否有效等，系统同时在列表右侧提供数据下载的功能，点击“下载”按钮即可下载对应的法律法规或标准导则全文文件。

点击图 15-5 所示界面右侧列表中的特定数据记录的文件名称，可以查看该数据的详细内容，图 15-6 所示为查看数据详细内容的界面。

图 15-6 数据详细内容查看界面

在查看数据详细内容时，点击界面下方的"查看全文"按钮，系统将显示如图 15-7 所示的界面供用户浏览。

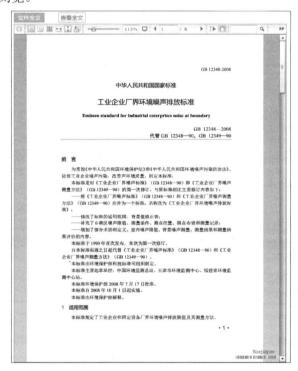

图 15-7 全文在线浏览界面

此外，系统还提供法律法规和标准导则的全文在线浏览和下载的功能。在查看数据详细内容时，点击界面下方如图 15-8 所示的"下载全文"按钮，可以分别下载获取 Word 和 PDF 两种格式的法律法规或标准规范全文。

图 15-8　数据下载界面

15.3　环保法律法规及标准导则关联信息查看

在图 15-6 所示的界面中，查看环保法律法规或标准导则的详细信息时，还可以同步查看如图 15-9 所示的环保法律法规或标准导则的关联信息，包括替代文件、术语定义、引用和被引用的标准、标准附录、标准解释和适用行业等，点击图 15-9 所示界面中的关联信息，还可以进一步查看关联信息的详细情况。

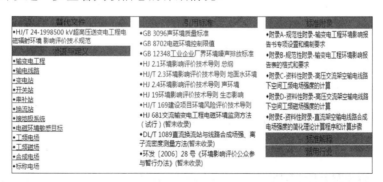

图 15-9　关联信息查看界面

例如，点击图 15-9 所示的替代文件 HJ/T 24—1998 500 kV 超高压送变电工程电磁辐射环境影响评价技术规范，可以查看该规范的详细信息，如图 15-10 所示。

图 15-10　替代文件详细信息展示界面

又例如,点击图15-9所示的术语定义中的输变电工程,可以查看对该术语的详细介绍,如图 15-11 所示。其他关联信息的查看可用类似操作来实现,在此不再穷举。

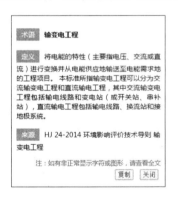

图 15-11　术语定义详细信息展示界面

15.4　环保法律法规及标准导则数据查询检索

环保法律法规和标准导则的查询检索界面如图 15-1 所示,在搜索框中输入查询关键字,系统会自动弹出下拉框并展示与所输入关键字最佳匹配的数据库记录,如图 15-12 所示,用户可以从下拉框中选择感兴趣的内容进行搜索或者直接点击"快速搜索"按钮进行搜索。

图 15-12　最佳匹配数据展示界面

图 15-13 所示为点击"快速搜索"按钮后的搜索结果展示界面，其中展示了匹配的法律法规和标准规范的名称、编号、分类、发布部门、起草单位等信息，点击结果列表中的具体条目即可进一步查看该条目的详细信息。

图 15-13　搜索结果列表展示界面

第 16 章　火电环评指标数据库应用案例

16.1　火电建设项目环评指标数据录入维护

火电建设项目环评指标数据录入有模板导入和在线填写两种方式。

16.1.1　模板导入

模板导入具体操作方式：通过在火电建设项目环评指标数据采集模板中离线填写数据内容，然后利用数据库管理系统导入功能，将填写好的指标数据内容导入火电环评指标数据库中。

火电建设项目环评指标数据采集模板是一种依据火电行业建设项目环评指标体系定制的特殊 Excel 表格，是辅助环评指标数据录入的工具，供录入的内容与火电行业建设项目环评指标体系相对应，包括项目概况与规模、工艺特征、评价等级、环境现状、总量指标、防治措施、评价结论 7 个方面，图 16-1 所示是火电建设项目环评指标数据采集模板的部分内容截图，该模板可以通过“中国环境影响评价网”下载获取。

指标分类		指标项	指标值	是否必填	指标说明
项目概况	基本信息	建设项目名称11A		必填	项目全称，包含项目建设地点和建设性质等基本信息。
		环评单位资质证号11B		必填	环境影响评价单位资质证号，如“甲级1057”
		建设单位11C		必填	建设单位名称，如果是六大电力集团的，注明集团名称。
		环评单位11D		必填	环境影响评价单位全称
		项目施工起始日期（年）11E		选填	指项目开工日期至第一组机组投产日期之间的施工起始时间，精确到年
		项目施工结束日期（年）11F		选填	指项目开工日期至第一组机组投产日期之间的施工结束时间，精确到年
		行政区划代码11G		必填	精确到所在县名称，填写内容为县代码
		行政区划（市）11H		必填	请填写建设项目所在县级行政区划名称
		行政区划（县）11I		选填	请填写建设项目所在县级行政区划名称
		项目位置经度坐标（度）11J		必填	为建设项目厂址处的经度，用数字表示，其中小数点保留6位
		项目位置纬度坐标（度）11K		必填	为建设项目厂址处的纬度，用数字表示，其中小数点保留6位
		建设项目性质11L		必填	指标内容包括新建、改扩建、变更、已建、其它五类。
		本期装机容量（兆瓦）11M		必填	本期装机容量，单位为MW
		全厂总装机容量（兆瓦）11N		必填	全厂总装机容量，指现有机组装机容量及本期建设项目装机容量，单位为MW
		单机规模（兆瓦）11O		必填	单机规模，如果多台规模不一致，需分别填写，单位为MW
	建设规模	单机台数（台）12A		必填	火电建设项目总容量通常由几台单机组成
		（永久）占地面积（公顷）12B		选填	永久占地面积指的是火电项目厂址以及灰场占地，单位：公顷。
		环保投资（万元）12C		必填	单位：万元
		工程总投资（万元）12D		必填	工程投资是项目规模的重要指标之一，单位：万元
		项目是否“上大压小”12E		必填	如果工程不属“上大压小”，则直接填写“否”。
		项目是否“未批先建”12F		必填	如果存在填“是”；如果不存在，则填写“否”
		电厂类型21A		必填	按电厂性质分为发电厂、热电厂、矸石电厂、其他四类
		锅炉规模（吨/小时）21B		必填	热电厂建设内容包括供热锅炉
		单机锅炉蒸发量（吨/小时）21C		必填	单台锅炉蒸发量，用吨/小时表示，如果大小不一致，需分开填写，用+连接
		汽轮机分类（按蒸汽参数）21D		必填	低压、中压、高压、超高压、亚临界、超临界、超超临界等7种
		汽轮机分类（按热力特性）21E		必填	按热力特性又可分为纯凝机组、抽凝机组、背压机组
		冷却方式21F		必填	直流冷却、二次循环冷却、直接空冷、间接空冷、其他等5种

图 16-1　环评指标数据采集模板部分内容

在数据采集模板中填写好指标数据内容后，需利用火电环评指标数据库管理系统数据维护功能模块，将其导入火电环评指标数据库中。数据维护功能模块界面如图 16-2 所示，数据库中已经根据其他业务系统中的信息自动生成了待录入环评指标数据的项目清单，点击具体项目右侧的"导入"按钮，弹出如图 16-3 所示的数据导入界面，浏览选择填写好的数据采集模板文件并导入数据，离线填写的环评指标数据将自动进入数据库中。

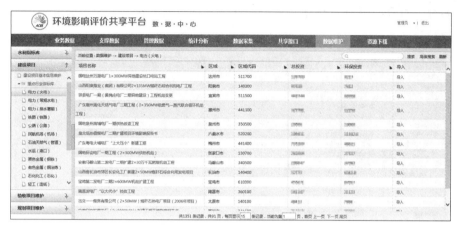

图 16-2　数据维护功能模块界面

图 16-3　数据导入功能界面

16.1.2　在线填写

在线填写的方式是借助图 16-2 所示的数据维护功能模块直接在线填写指标数据并入库。具体操作：点击图 16-2 所示界面中待录入环评指标数据的建设项目名称，系统弹出图 16-4 所示的数据在线录入界面，分别填写不同页签下的环评指标内容，然后保存即可。

图 16-4　数据在线录入界面

16.2　火电建设项目环评指标数据浏览查询

普通用户可以进入图 16-5 所示的火电建设项目环评指标数据浏览查询功能模块，该功能模块在界面右侧展示了火电建设项目环评指标数据的列表，展示的内容包括项目名称、建设性质、行政区域、评价单位等，用户可以浏览列表中的内容，也可以点击具体项目的名称，查看如图16-6所示项目详细环评指标数据内容。

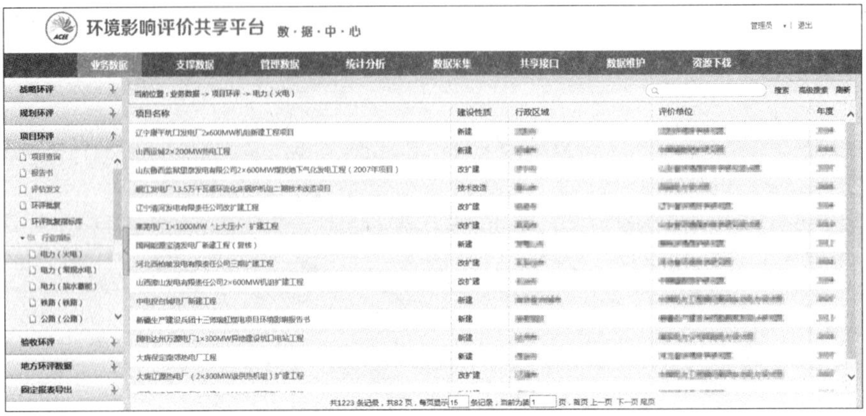

图 16-5　环评指标数据查询浏览功能模块界面

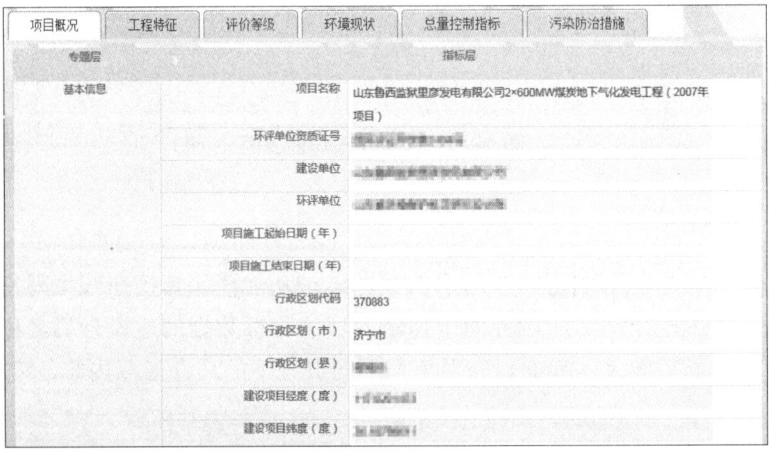

图 16-6　项目详细环评指标数据查看界面

用户如果在图16-5所示的界面中无法快速找到感兴趣的数据，可以在界面右上角的搜索框中输入查询关键字，关键字的范围包括建设项目名称、行政区划、评价单位等，然后点击"搜索"按钮来查询感兴趣的内容，也可以点击"高级搜索"，在弹出的对话框中输入相应查询条件来检索需要的内容。

16.3　火电建设项目环评指标数据统计分析

火电环评指标数据库应用系统提供多种方式的统计分析功能，如图16-7所示，包括项目基本情况统计、项目趋势和占比统计、项目污染物排放情况统计。

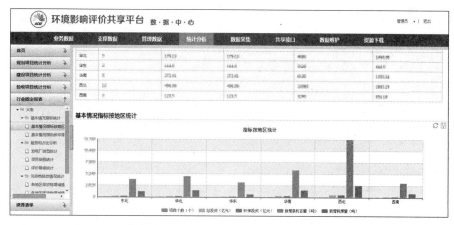

图 16-7　火电建设项目环评指标数据统计分析功能模块界面

16.3.1　火电建设项目基本情况统计

火电建设项目基本情况统计提供按照区域和年份两种方式的统计。点击图 16-7 所示界面中的"基本情况指标统计"按钮，再分别点击按区域和年份的统计功能按钮，在显示的界面中输入对应的统计参数，然后点击"统计"按钮即可分别查看两种统计方式下的统计结果，统计结果包括统计表和统计图两种形式。例如图 16-8 和图 16-9 所示分别为某时间段内按区域统计的项目基本情况统计表和统计图，图 16-10 和图 16-11 分别为全国范围按年份统计的项目基本情况统计表和统计图。

地区	项目个数（个）	总投资（亿元）	环保投资（亿元）	新增装机容量（吨）	新增耗煤量（吨）
东北					
华北					
华东					
华南					
西北					
西南					

图 16-8　按区域统计的项目基本情况统计表

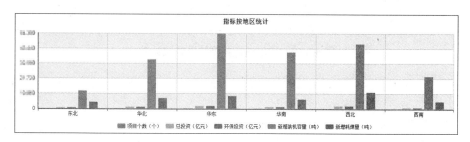

图 16-9　按区域统计的项目基本情况统计图

指标	2004	2005	2006	2007	2008	2009	2010	2011	2012	2013	2014
项目数量（个）											
总投资（亿元）											
环保投资（亿元）											
新增装机容量（吨）											
新增耗煤量（吨）											

图 16-10　按年份统计的项目基本情况统计表

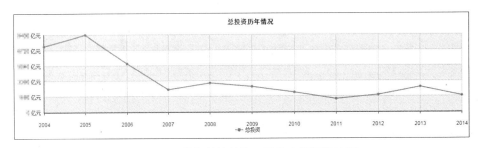

图 16-11　按年份统计的项目基本情况统计图

16.3.2　火电建设项目趋势和占比统计

火电建设项目趋势和占比统计提供按发电厂类型、项目类别和评价等级三种方式的统计。点击图 16-7 所示界面中的"趋势和占比分析"按钮，再分别点击按发电厂类型、项目类别和评价等级统计的功能按钮，在显示的界面中输入对应的统计参数，然后点击"统计"按钮即可查看相应的统计结果，统计结果也包括统计表和统计图两种形式。例如，图 16-12 和图 16-13 所示分别为按发电厂类型统计的统计表和统计图，图 16-14 和图 16-15 分别为按项目类别统计的统计表和统计图，图 16-16 和图 16-17 分别为按评价等级统计的统计表和统计图。

电厂类型	项目数	项目占比	总投资	总投资占比	环保投资	环保投资占比
发电厂						
热电厂						
矸石电厂						
其它						

图 16-12　按发电厂类型统计的统计表

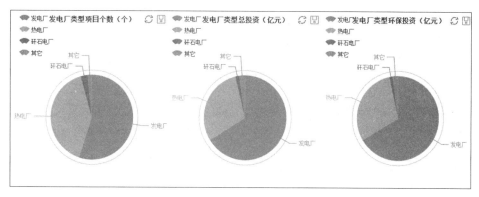

图 16-13　按发电厂类型统计的统计图

项目类型	项目数	项目占比	总投资	总投资占比	环保投资	环保投资占比
III类						
II类						
I类						
C类						
B类						
A类						
其它						

图 16-14　按项目类别统计的统计表

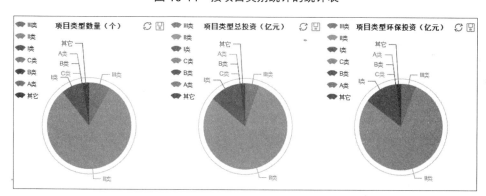

图 16-15　按项目类别统计的统计图

评价等级	项目数	项目占比	总投资	总投资占比	环保投资	环保投资占比
一级评价						
二级评价						
三级评价						
其它						

图 16-16　按评价等级统计的统计表

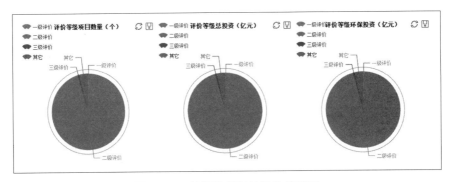

图 16-17　按评价等级统计的统计图

16.3.3　火电建设项目污染物排放情况统计

火电建设项目污染物排放情况统计模块提供不同组合条件下的统计分析功能，可供组合的条件包括起止日期（项目受理日期、评估发文日期、项目批复日期）、统计类型（按区域、按省份）、区域（东北、华北、西北等）、省份（各省、直辖市、自治区等）、污染物种类（烟尘、二氧化硫、氮氧化物、化学需氧量、氨氮）、指标类型（新增量、削减量、替代量、排放量）等。例如，图 16-18 和图 16-19 分别为按区域统计的烟尘新增量历年情况统计表和统计图。

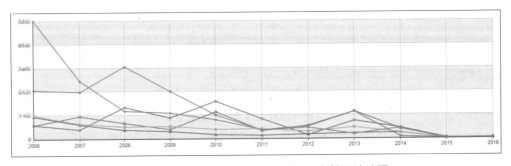

图 16-18　按区域统计的烟尘新增量历年情况统计表

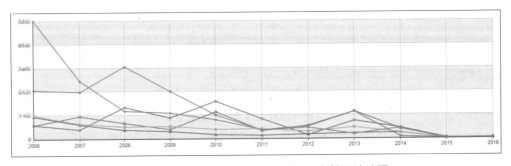

图 16-19　按区域统计的烟尘新增量历年情况统计图

16.4 火电建设项目环评指标数据支持决策

将火电环评指标数据库应用于环评会商平台中，可以为建设项目技术评估、环境管理宏观决策等提供数据支持。环评会商平台是面向辅助建设项目技术评估，基于 GIS 和互联网等技术以专题地图方式建立环境情景认知，提供建设项目区域环境分析、环境影响模拟预测、环评指标统计分析、公众参与分析等功能的在线一体化环评技术支撑平台。

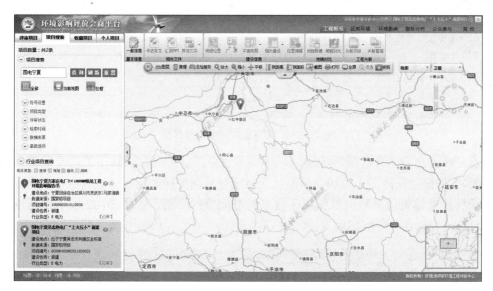

图 16-20　环评会商平台界面

进入环评会商平台后，在界面左侧选中一个火电建设项目，点击平台界面上方的工程概况菜单，再点击"一般信息"按钮后，弹出如图 16-21 所示的界面。该功能利用火电环评指标数据库中的数据，展示火电项目的大概地理位置以及项目的名称、建设单位、环评单位、建设内容及规模、建设性质、总投资等信息，为建设项目技术评估中快速了解项目基本背景信息提供支持。

图 16-21　项目基本信息查看界面

点击环评会商平台区域环境菜单，再点击"自然保护区"按钮下的"全国自然保护区（面）"按钮，在地图上叠加显示面状的全国自然保护区数据，通过火电环评指标数据库中项目地理位置信息与自然保护区信息的空间叠加分析，如图 16-22 所示，可以为建设项目选址合理性分析等提供支持。

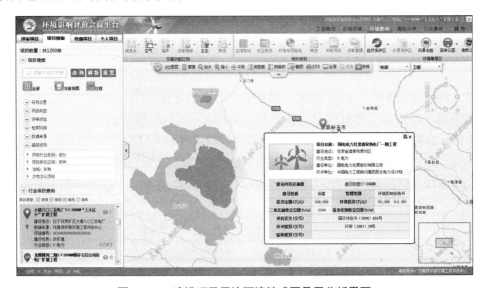

图 16-22　建设项目周边环境敏感区叠置分析界面

点击环评会商平台指标分析菜单，再点击"行业分布"按钮，弹出如图 16-23 所示的界面，平台利用火电环评指标数据库中的项目地理位置信息，展示近年来火电建设项目总体空间分布情况，为建设项目选址、产业空间布局调整等提供支持。

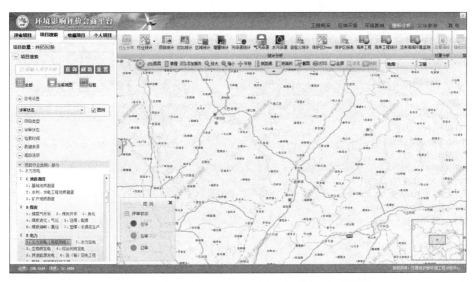

图 16-23 火电建设项目总体空间分布情况查看界面

进一步地，点击环评会商平台指标分析菜单，再点击"项目统计"按钮，在弹出的对话框中选择按数量进行统计，并输入统计起止时间，平台利用火电环评指标数据库中数据进行统计后的结果如图 16-24 所示，从中可以查看全国火电建设项目数量分布情况。

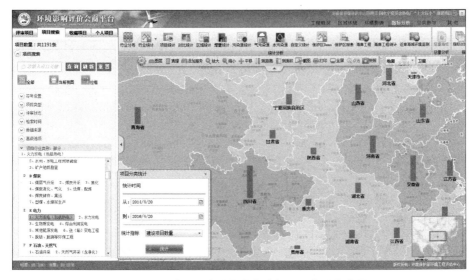

图 16-24 按数量统计的火电建设项目全国分布图

点击环评会商平台指标分析菜单，再点击"指标对比"按钮，在弹出的对话框中输入统计起止时间并选择装机容量，继续点击"查询"按钮，平台利用火电环评指标数据库，将待评估项目的环评指标数据与其他同类项目的环评指标数据进行统计对比分析，展示如图 16-25 所示的结果，从中可以了解待评估项目的清洁生产水平，为建设项目技术评估提交决策支持。

图 16-25 环评指标对比分析界面

第 17 章　环评专家信息数据库应用案例

17.1　环评专家数据录入维护

用户登录后进入环评专家信息数据库管理系统，登录后的界面如图 17-1 所示。

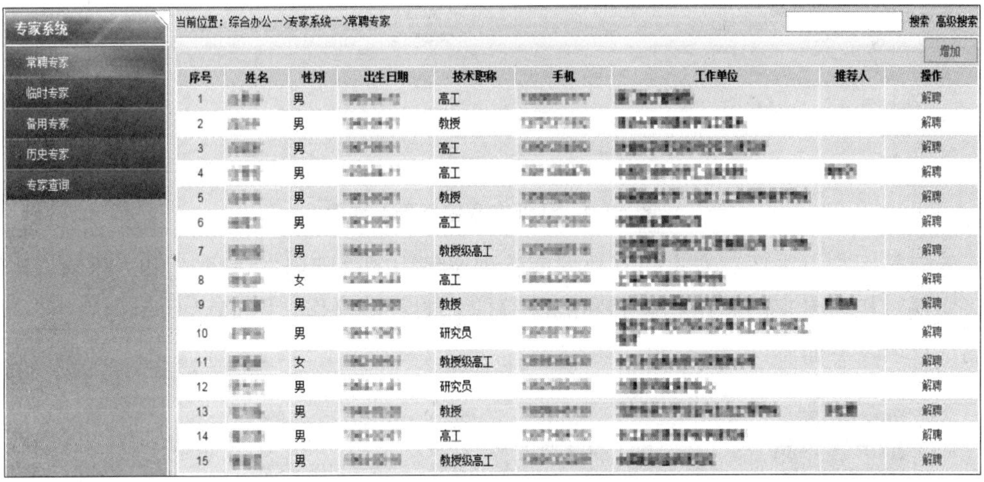

图 17-1　环评专家信息数据库管理系统界面

　　点击图 17-1 所示界面右上角的"增加"按钮，弹出图 17-2 所示的环评专家信息录入界面，用户可以填写环评专家姓名、性别、学历、职称、专业等信息，填写完成并检查无误后，点击图 17-2 所示界面下方的"保存"按钮，可以将填写的信息存入环评专家信息数据库中。

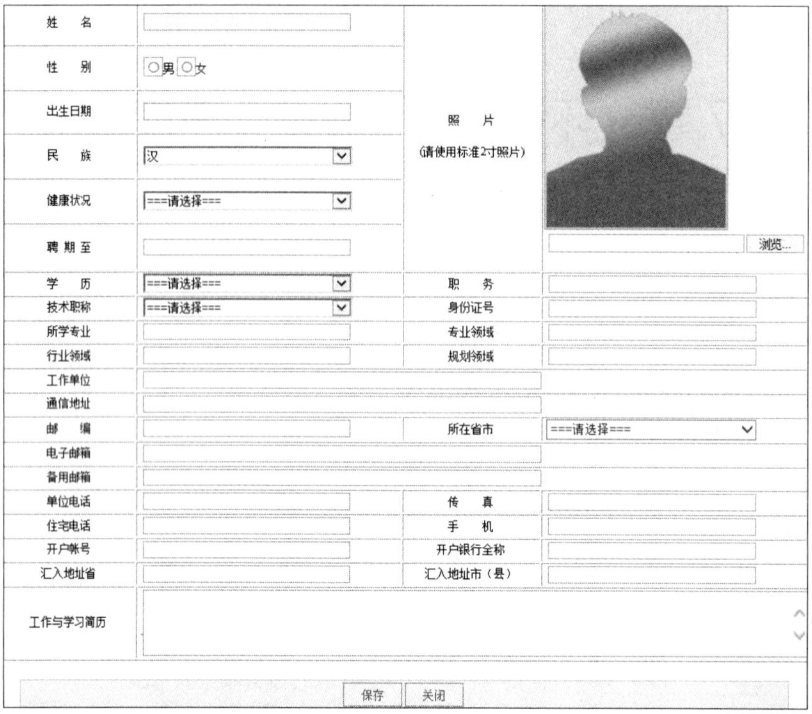

图 17-2　环评专家信息录入界面

　　管理员用户点击环评专家信息数据库管理系统中的"聘用""解聘"和"删除"按钮，可以实现对相应专家的聘用、解聘和删除等信息的管理操作，图 17-3 所示为聘用专家操作的信息填写界面。

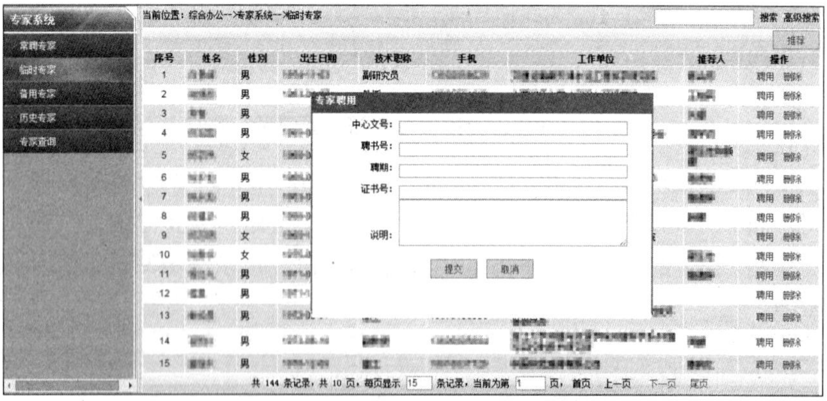

图 17-3　聘用专家操作的信息填写界面

17.2　环评专家数据浏览查看

用户登录后进入图 17-1 所示环评专家信息数据库管理系统界面，可以查看数据库中的四类环评专家信息，包括常聘专家信息、临时专家信息、备用专家信息和历史专家信息。

点击界面左侧不同专家信息类别的按钮，可以浏览对应类别下的专家信息列表，列表中显示的信息包括专家姓名、性别、出生日期、技术支持、联系方式、工作单位、推荐人员等。

点击专家信息列表中的专家姓名，可以进一步查看专家的详细信息，图 17-4 所示为查看环评专家详细信息的界面。

图 17-4　环评专家详细信息查看界面

17.3　环评专家数据查询检索

环评专家信息数据库管理系统主要提供两种方式的查询检索功能，一种是针对特定类别专家信息的查询检索（图 17-5），在浏览常聘专家、临时专家、备用专家和历史专家四类专家信息时，系统在对应界面的右上角提供搜索的功能，点击相应按钮即可对相应类别的专家信息进行搜索。

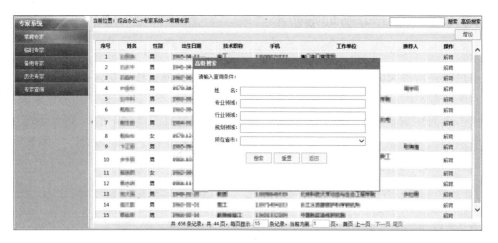

图 17-5　针对特定类别专家信息的查询检索功能界面

另一种是针对整个数据库中全部专家信息的查询检索（图 17-6），填写对应的查询关键词并点击"查询"按钮，系统会将查询到的专家信息以列表的形式显示在界面下方，且点击特定专家姓名即可进一步查看该专家的详细信息。

图 17-6　针对全部专家信息的查询检索界面

参考文献

[1]   Cserny A, Kovács Z, Domokos E, et al. Environmental information system for visualizing environmental impact assessment information[J]. Environmental Science & Pollution Research International, 2009,16(1): 36-41.

[2]   Gontier M, Mörtberg U, Balfors B. Comparing GIS-based habitat models for applications in EIA and SEA[J]. Environmental Impact Assessment Review, 2010,30(1): 8-18.

[3]   Guan Q, Wang X, Peng K. Operating party assessment on pollution sources online monitoring management[J]. Environmental Science & Management, 2013.

[4]   Jiao ZP, Li W, Liu CF, et al. The database design of estuary environmental impact assessment system based on 3S[J]. Procedia Environmental Sciences, 2011,10(1): 2213-2217.

[5]   Ko JH, Chang SI, Lee BC. Noise impact assessment by utilizing noise map and GIS: A case study in the city of Chungju, Republic of Korea[J]. Applied Acoustics, 2011,72(8): 544-550.

[6]   Lei Lei, Brian Hilton. A spatially intelligent public participation system for the environmental impact assessment process[J]. ISPRS International Journal of Geo-Information, 2013, 2(2): 480-506.

[7]   OGC Reference Model. OGC 03 — 040 Version: 0.1.3, 2003.

[8]   Pan P, Zhu Y, Gao X, et al. Research on EIA management and technical support system of projects[A]//Proceedings of the 2012 2nd International Conference on Remote Sensing, Environment and Transportation Engineering, RSETE 2012[C]. IEEE Computer Society, 2012: 2220-2223.

[9]   Say NP, Yücel M, Yılmazer M. A computer-based system for environmental impact assessment (EIA) applications to energy power stations in Turkey: CEDINFO[J]. Energy Policy, 2007,35(12): 6395-6401.

[10] Singer S, Wang G, Howard H, et al. Environmental condition assessment of US military installations using GIS based spatial multi-criteria decision analysis[J]. Environmental Management, 2012,50(2): 329-340.

[11] Ullah II. A GIS method for assessing the zone of human-environmental impact around archaeological sites: a test case from the Late Neolithic of Wadi Ziqlâb, Jordan[J]. Journal of Archaeological Science, 2011,38(3): 623-632.

[12] Warner LL, Diab RD. Use of geographic information systems in an environmental impact

assessment of an overhead power line[J]. Impact Assessment & Project Appraisal, 2002,20(1): 39-47.

[13] 丁峰 , 车蕾 , 王庆改 , 等 . 火电建设项目环境影响评价基础数据库建设方案与应用 [J]. 电力环境保护 , 2009, 25(5): 4-7.

[14] 环境保护部环境工程评估中心 . 环境影响评价基础数据库建设指南 [M]. 北京 : 中国环境出版社 , 2015.

[15] 环境保护部环境工程评估中心 . 重点行业环评指标数据库建设 [M]. 北京 : 中国环境出版社 , 2015.

[16] 李丛欢 , 孙义利 , 张启众 . 环境影响评价中基础数据库建设的建议 [C]. 2008 中国环境科学学会学术年会优秀论文集（下卷）.2008.

[17] 刘晓冰 . 环境影响评价 (修订版)[M]. 北京 : 中国环境科学出版社 , 2010.

[18] 科学数据共享工程技术标准 : 标准体系及参考模型 [S]. 北京 , 2004.

[19] HJ/T 419—2007 环境数据库设计与运行管理规范 [S]. 北京 : 中国环境科学出版社 , 2007.

[20] HJ/T 352—2007 环境污染源自动监控信息传输、交换技术规范 [S]. 北京 : 中国环境科学出版社 , 2007.

[21] HJ/T 417—2007 环境信息分类与代码 [S]. 北京 : 中国环境科学出版社 , 2007.

[22] HJ/T 416—2007 环境信息术语 [S]. 北京 : 中国环境科学出版社 , 2008.

[23] HJ 511—2009 环境信息化标准指南 [S]. 北京 : 中国环境科学出版社 , 2009.

[24] HJ 2.1—2011 环境影响评价技术导则 总纲 [S]. 北京 : 中国环境科学出版社 , 2012.

[25] HJ 724—2014 环境空间基础数据加工处理技术规范 [S]. 北京 : 中国环境科学出版社 , 2014.

[26] HJ 726—2014 环境空间数据交换技术规范 [S]. 北京 : 中国环境科学出版社 , 2014.

[27] HJ 721—2014 环境数据集加工汇交流程 [S]. 北京 : 中国环境科学出版社 , 2014.

[28] HJ 722—2014 环境数据集说明文档格式 [S]. 北京 : 中国环境科学出版社 , 2014.

[29] HJ 718—2014 环境信息共享互联互通平台总体框架技术规范 [S]. 北京 : 中国环境科学出版社 , 2014.

[30] HJ 727—2014 环境信息交换技术规范 [S]. 北京 : 中国环境科学出版社 , 2014.

[31] HJ 723—2014 环境信息数据字典规范 [S]. 北京 : 中国环境科学出版社 , 2014.

[32] HJ 729—2014 环境信息系统安全技术规范 [S]. 北京 : 中国环境科学出版社 , 2014.

[33] HJ 728—2014 环境信息系统测试与验收规范 软件部分 [S]. 北京 : 中国环境科学出版社 , 2014.

[34] HJ 720—2014 环境信息元数据规范 [S]. 北京 : 中国环境科学出版社 , 2014.

[35] 丁峰 , 车蕾 , 邢可佳 . 多维数据分析在火电行业环境影响评价基础数据库中的应用 [J]. 能源研究与信息 , 2013, 29(2): 106-111.

[36] 刘静 . 建立中医药数据服务与利用平台 [J]. 世界科学技术 : 中医药现代化 , 2009, 11(4): 582-584.

[37] 姜作勤 , 姚艳敏 , 刘若梅 . 国土资源信息标准参考模型 [J]. 地理信息世界 , 2003 (5): 12-17, 41.

[38] 刘定 . 环境信息化标准的发展 [J]. 环境监控与预警 , 2010, 2(1): 27-31.

[39] 罗宏, 吕连宏. Edss 及其在 eia 中的应用 [J]. 环境科学研究, 2006 (3): 139-144.

[40] 潘鹏, 诸云强, 赵晓宏, 等. 轨道交通项目环评的指标体系及管理与决策支持系统研究 [J]. 环境工程, 2012, 30(3): 105-108, 101.

[41] 潘鹏, 诸云强, 朱琦, 等. 隐马尔可夫模型在环保档案信息抽取中的应用 [J]. 计算机工程与应用, 2012, 48(26): 243-248.

[42] 王卷乐, 赵晓宏, 马胜男, 等. 环境影响评价基础数据库标准规范体系研究 [J]. 环境科学与管理, 2011, 36(8): 168-173.

[43] 姚艳敏, 周清波, 陈佑启. 农业资源信息标准参考模型研究 [J]. 地球信息科学, 2006 (3): 98-103.

[44] 赵晓宏, 李时蓓, 诸云强. 加强基础库建设提高环评科学性 [J]. 环境保护, 2012 (22): 59-62.